中国航天技术进展丛书

吴燕生　总主编

半球谐振陀螺惯性敏感器及其空间应用

刘付成　赵万良　宋丽君　著

中国宇航出版社

·北京·

图书在版编目(CIP)数据

半球谐振陀螺惯性敏感器及其空间应用 / 刘付成，
赵万良，宋丽君著 . -- 北京 ：中国宇航出版社，
2019.11

ISBN 978 - 7 - 5159 - 1725 - 2

Ⅰ. ①半⋯ Ⅱ. ①刘⋯ ②赵⋯ ③宋⋯ Ⅲ. ①航空仪
表－振动陀螺仪－敏感器件－研究 Ⅳ. ①V241.5

中国版本图书馆 CIP 数据核字(2019)第 281079 号

责任编辑 彭晨光　　**封面设计** 宇星文化

出 版 发 行	**中国宇航出版社**
社 址	北京市阜成路 8 号　邮 编　100830
	(010)60286808　　(010)68768548
网 址	www.caphbook.com
经 销	新华书店
发行部	(010)60286888　　(010)68371900
	(010)60286887　　(010)60286804(传真)
零售店	读者服务部　　(010)68371105
承 印	天津画中画印刷有限公司

版 次	2019 年 11 月第 1 版
	2019 年 11 月第 1 次印刷
规 格	787×1092
开 本	1/16
印 张	11.25
字 数	274 千字　彩 插　6 面
书 号	ISBN 978 - 7 - 5159 - 1725 - 2
定 价	88.00 元

本书如有印装质量问题，可与发行部联系调换

总　序

中国航天事业创建 60 年来，走出了一条具有中国特色的发展之路，实现了空间技术、空间应用和空间科学三大领域的快速发展，取得了"两弹一星"、载人航天、月球探测、北斗导航、高分辨率对地观测等辉煌成就。航天科技工业作为我国科技创新的代表，是我国综合实力特别是高科技发展实力的集中体现，在我国经济建设和社会发展中发挥着重要作用。

作为我国航天科技工业发展的主导力量，中国航天科技集团公司不仅在航天工程研制方面取得了辉煌成就，也在航天技术研究方面取得了巨大进展，对推进我国由航天大国向航天强国迈进起到了积极作用。在中国航天事业创建 60 周年之际，为了全面展示航天技术研究成果，系统梳理航天技术发展脉络，迎接新形势下在理论、技术和工程方面的严峻挑战，中国航天科技集团公司组织技术专家，编写了《中国航天技术进展丛书》。

这套丛书是完整概括中国航天技术进展、具有自主知识产权的精品书系，全面覆盖中国航天科技工业体系所涉及的主体专业，包括总体技术、推进技术、导航制导与控制技术、计算机技术、电子与通信技术、遥感技术、材料与制造技术、环境工程、测试技术、空气动力学、航天医学以及其他航天技术。丛书具有以下作用：总结航天技术成果，形成具有系统性、创新性、前瞻性的航天技术文献体系；优化航天技术架构，强化航天学科融合，促进航天学术交流；引领航天技术发展，为航天型号工程提供技术支撑。

雄关漫道真如铁，而今迈步从头越。"十三五"期间，中国航天事业迎来了更多的发展机遇。这套切合航天工程需求、覆盖关键技术领域的丛书，是中国航天人对航天技术发展脉络的总结提炼，对学科前沿发展趋势的探索思考，体现了中国航天人不忘初心、不断前行的执着追求。期望广大航天科技人员积极参与丛书编写、切实推进丛书应用，使之在中国航天事业发展中发挥应有的作用。

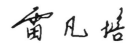

2016 年 12 月

序

在国防装备和空间探索任务的需求牵引下，惯性陀螺技术得到不断发展。20 世纪以来，相继形成了液浮陀螺、气浮陀螺、磁浮陀螺、动力调谐陀螺、静电陀螺等惯性级机电陀螺，形成了基于塞格纳克（Sagnac）效应的固态光学陀螺和集成光波导陀螺，近 20 年形成了 MEMS 微机械陀螺和原子陀螺。近几年，半球谐振陀螺以其质量体积、寿命功耗、精度成本和可靠性的综合性能比优势，犹如惯性技术界的一匹黑马，得到工程运用领域的瞩目和青睐。

刘付成带领的团队，多年从事惯性技术及其产品的研发与应用研究。尤其在半球谐振陀螺惯性敏感器的设计、生产制造和应用方面，积累了丰富的理论和工程经验，并以严谨细致、开拓创新的学术态度，率先在高分对地观测卫星与通信卫星领域进行工程应用，开创了半球谐振陀螺惯性敏感器在我国卫星上成功应用的先河。

本书有助于半球谐振陀螺惯性敏感器产品性能、质量、可靠性的提高；有助于促进多专业融合应用过程中新型专业技术的应用；有助于推动以提高研究水平为目的的我国惯性技术基础理论和应用技术深化突破与创新研究。

本书适用于半球谐振陀螺惯性敏感器技术的研究教学、工程设计、试验制造、应用评估等，对从事惯性技术研究设计、测试标定、试验制造、教学、工程应用工作的技术工程师、管理工程师和院校师生具有一定的指导作用。

2019 年 11 月

前　言

半球谐振陀螺惯性敏感器是一种新型的惯性敏感器。其工作基本原理是通过检测陀螺谐振子驻波进动来敏感输入角速度进而获得载体姿态，具有全固态、高精度、长寿命、高可靠以及高耐辐照等特点，特别适用于空间应用领域，被誉为"航天任务优选的高价值传感器"，是未来空间应用惯性敏感器的重要发展方向之一。

得益于国内卫星型号的大力牵引和推动，半球谐振陀螺惯性敏感器近几年取得了明显的进步。由作者带领的半球谐振陀螺惯性敏感器研制团队进行多年理论研究和技术攻关，攻克了多个半球谐振陀螺惯性敏感器研制中的难题，取得了多项技术突破和创新成果，获得数十项相关专利，并在国内卫星上得以应用，现已形成多个型谱产品，各产品在轨表现良好。本书是在研发团队多年研发经验和工程实践经验的基础上，对半球谐振陀螺惯性敏感器的理论研究和技术成果进行总结而成。

本书对半球谐振陀螺惯性敏感器的相关技术进行了系统性阐述，描述了半球谐振陀螺惯性敏感器理论及其工程化的大量细节，同时把航天产品的设计理念引入书中，具有理论和实践相结合的特点。全书共7章：第1章为绪论，第2章论述半球谐振陀螺理论与设计制造方法，第3章论述半球谐振陀螺控制系统的理论、系统设计方法和电路实现方案，第4章论述半球谐振陀螺在温度场作用下的误差机理、特性和补偿方法，第5章论述半球谐振陀螺惯性敏感器设计要点，第6章介绍了半球谐振陀螺惯性敏感器的性能测试和误差分析方法，第7章利用在轨实例介绍了半球谐振陀螺惯性敏感器的空间应用。

在本书编写过程中，陈效真研究员、牛睿高工、李利亮高工为本书提供了许多宝贵意见和建议。荣义杰、李绍良、杨浩、齐轶楠、蔡雄、胡小毛、吴枫、王伟、张强、郑大伟、秦莘晟、夏语、成宇翔、段杰、于翔宇、慕蓉欣、应俊等半球谐振陀螺惯性敏感器研制团队成员参与了本书部分内容的编写和审校工作，作者在此对各位专家和同事的支持与帮助深表感谢。

本书主要面向从事航天及相关领域研究的科技人员和高校师生，可在半球谐振陀螺惯性敏感器的理论研究、设计开发、生产制造以及空间应用等方面为其提供参考和借鉴。

　　本书的出版得到了航天科技图书出版基金的资助，房建成院士欣然为本书作序，作者在此一并表示衷心的感谢。

　　由于作者的水平有限，书中难免有不足和疏漏之处，欢迎广大读者批评指正。

刘付成

目　录

第1章　绪论 ·· 1

1.1　空间惯性敏感器技术 ··· 1

1.2　半球谐振陀螺的基本原理及分类 ·· 4

1.2.1　半球谐振陀螺的基本原理 ·· 4

1.2.2　半球谐振陀螺的典型结构 ·· 4

1.2.3　半球谐振陀螺的主要工作模式 ···································· 6

1.3　半球谐振陀螺惯性敏感器发展 ·· 7

1.3.1　研究应用概况 ··· 7

1.3.2　发展趋势及展望 ··· 12

参考文献 ··· 17

第2章　半球谐振陀螺理论与设计制造 ·· 19

2.1　半球谐振陀螺动力学理论模型 ·· 19

2.1.1　基于环形结构假设的动力学模型 ································· 19

2.1.2　基于壳体结构假设的动力学模型 ································· 22

2.2　半球谐振子结构设计 ·· 29

2.2.1　半球谐振子振动模态分析 ··· 30

2.2.2　结构参数对半球谐振子振动模态的影响分析 ·················· 31

2.3　半球谐振陀螺误差理论 ··· 34

2.3.1　半球谐振子加工误差分析 ··· 35

2.3.2　半球谐振子质量不均匀误差分析 ································· 36

2.3.3　半球谐振子膜层引入的误差分析 ································· 37

2.3.4　半球谐振陀螺装配引入的误差分析 ······························ 38

2.4　半球谐振陀螺制作过程的关键工艺 ····································· 39

2.4.1　石英超精密加工 ··· 40

2.4.2　表面金属化镀膜 ··· 41

2.4.3　电极刻划成型 ··· 43

2.4.4　谐振子去重调平 ･･･ 44

2.4.5　陀螺精密装配 ･･･ 46

2.4.6　陀螺真空封装 ･･･ 46

2.5　半球谐振子的质量不均匀谐波分量的辨识 ････････････････････････ 47

2.5.1　含一阶二阶振型的动力学方程 ･････････････････････････････ 47

2.5.2　密度不均匀的谐波辨识算法 ･････････････････････････････････ 49

参考文献 ･･･ 51

第3章　半球谐振陀螺控制系统 ･･･････････････････････････････････････ 53

3.1　半球谐振陀螺控制理论模型 ････････････････････････････････････ 53

3.1.1　数学模型 ･･･ 53

3.1.2　信号解调模型 ･･･ 55

3.2　控制系统总体框架 ･･ 59

3.3　陀螺控制系统设计 ･･ 60

3.3.1　信号解调环路 ･･･ 60

3.3.2　频相跟踪环路 ･･･ 60

3.3.3　幅度控制环路 ･･･ 62

3.3.4　正交控制环路 ･･･ 63

3.3.5　力反馈环路 ･･･ 66

3.4　陀螺控制电路设计 ･･ 67

3.4.1　信号检测电路 ･･･ 67

3.4.2　差分输入调理电路 ･･･ 68

3.4.3　过零比较电路 ･･･ 69

3.4.4　A/D 转换电路 ･･･ 72

3.4.5　数字信号处理电路 ･･･ 72

3.4.6　高精度 D/A 转换电路 ･････････････････････････････････････ 74

3.4.7　高压驱动电路 ･･･ 76

参考文献 ･･･ 78

第4章　半球谐振陀螺温度误差机理及抑制技术 ･･････････････････････ 79

4.1　温度误差机理 ･･ 79

4.2　陀螺表头的温度特性 ･･ 79

4.2.1　热膨胀效应 ･･･ 79

4.2.2　谐振频率与温度的关系 ･････････････････････････････････････ 80

4.2.3　陀螺零位的温度特性 ･･･････････････････････････････････････ 85

4.3　陀螺控制电路温度误差分析 ·· 85
　　4.3.1　电路温度效应的机理 ·· 86
　　4.3.2　电路温度效应的误差分析 ······································ 86
4.4　温度误差抑制技术 ··· 89
　　4.4.1　温度稳定法 ··· 90
　　4.4.2　温度补偿法 ··· 99
参考文献 ·· 105

第5章　半球谐振陀螺惯性敏感器综合设计 ································ 106
5.1　惯性敏感器总体构成与结构设计要点 ································· 106
　　5.1.1　惯性敏感器的构成方案 ·· 106
　　5.1.2　国内外主流产品方案 ·· 108
　　5.1.3　结构设计的要点 ··· 110
5.2　陀螺组件误差分析与抑制 ··· 121
　　5.2.1　陀螺组件误差分析 ·· 121
　　5.2.2　陀螺组件误差抑制 ·· 123
　　5.2.3　表头的配置与可靠性 ·· 124
5.3　电路系统的设计 ··· 126
　　5.3.1　电路系统的组成 ··· 126
　　5.3.2　电路的设计要点 ··· 127
参考文献 ·· 133

第6章　半球谐振陀螺惯性敏感器性能测试与误差分析 ···················· 134
6.1　半球谐振陀螺惯性敏感器指标评价体系 ······························ 134
　　6.1.1　功能性能指标评价 ·· 134
　　6.1.2　环境适应性评价 ··· 136
6.2　半球谐振陀螺惯性敏感器误差分析 ·································· 138
　　6.2.1　陀螺的主要随机误差源分析 ···································· 138
　　6.2.2　Allan方差随机噪声分析方法 ·································· 141
　　6.2.3　标准差与Allan方差比较 ······································ 143
6.3　半球谐振陀螺惯性敏感器性能测试 ·································· 143
　　6.3.1　零偏及其重复性测试 ·· 143
　　6.3.2　零偏的稳定性测试（随机漂移） ································ 144
　　6.3.3　角随机游走系数测试 ·· 144
　　6.3.4　标度因数测试 ··· 145

6.3.5 最大测速范围测试 ……………………………………………… 146

6.3.6 敏感器安装角度及偏差测试 ……………………………… 147

6.3.7 带宽测试 ………………………………………………………… 147

参考文献 ……………………………………………………………………… 148

第 7 章 半球谐振陀螺惯性敏感器空间应用实例 …………………… 149

7.1 姿态敏感器及其测量模型 …………………………………………… 149

7.1.1 半球谐振陀螺惯性敏感器测量模型 ……………………… 149

7.1.2 星敏感器测量模型 ………………………………………… 150

7.2 基于 EKF 算法的卫星姿态确定算法 ……………………………… 151

7.2.1 EKF 算法 …………………………………………………… 152

7.2.2 基于 EKF 的姿态确定算法 ……………………………… 154

7.3 半球谐振陀螺惯性敏感器在轨应用 ………………………………… 157

7.3.1 半球谐振陀螺惯性敏感器在轨数据分析 ………………… 158

7.3.2 半球谐振陀螺惯性敏感器/星敏感器组合在轨数据分析 … 161

参考文献 ……………………………………………………………………… 164

第 1 章　绪　论

1.1　空间惯性敏感器技术

北京时间 2018 年 10 月 6 日，哈勃太空望远镜（Hubble Space Telescope，HST）再次因故障暂时停止观测，让全世界的天文学家为之忧心。研究人员发现，原来是哈勃太空望远镜的一个陀螺出现了故障，而备份陀螺又不能正常启动，因此望远镜自动进入安全模式。早在 2009 年，在对哈勃太空望远镜的最后一次维修中，就更换过所有（6 个）陀螺。如果陀螺无法正常工作，那么耗资巨大、全球科学研究人员都等待使用的太空望远镜就只能"歇菜"了吗？这里，我们要提出的问题是：陀螺为何这么重要？

北京时间 2017 年 9 月 15 日，卡西尼（Cassini）号土星探测器推进剂即将耗尽，科学家控制其向土星坠毁，参与卡西尼号土星探测计划的国家一共有 17 个，它是人类迄今为止发射的规模最大、复杂程度最高的行星探测器。从 1997 年 10 月 15 日发射升空，在经历金星、地球、木星后加速，历经 7 年才到达最终目的地——土星。卡西尼号在这次漫长的飞行过程中定位精准，所进入的土星轨道非常接近原计划轨道。在近 20 年的土星之旅中，作为速率传感器的"半球谐振陀螺惯性敏感器"一直起着至关重要的作用。这里，我们要提出的问题是：陀螺是如何实现如此神圣的使命？

以各种陀螺为核心构建的惯性敏感器是航天器控制分系统最核心的单机，它对航天器的姿态信息进行连续测量，为控制分系统提供载体运动的三轴角速度信息，是控制分系统的"小脑"，直接影响控制分系统的姿态控制精度。在卫星类航天器的应用中，主要采用由陀螺惯性敏感器（在特殊应用条件下也采用加速度计）和光学敏感器（如红外地平仪、太阳敏感器和星敏感器等）共同组成的姿态测量系统。利用陀螺瞬时测量精度高和光学敏感器没有累积误差的特性，共同得到卫星持续高精度姿态和姿态角速率测量信息。卫星除了要求陀螺具有较高的精度、耐冲击、耐强振、小体积、低功耗等特性外，又因其长期工作在空间环境中，并经受太空粒子的辐射和真空环境的考验，因此还要求其具有长寿命及高可靠的特性。陀螺惯性敏感器作为卫星姿控系统的重要组成部分，是唯一具有自主、实时、连续、隐蔽、不受外界干扰、无时间、无地点、无环境限制等特性的星体运动信息测量敏感器。

惯性敏感器技术作为卫星控制系统研究的重要内容，美、法、俄等国均在该领域投入了大量的人力物力，并取得很多成果，它们的寿命有的达到了 15 年以上，精度达到了 0.000 1（°）/h。根据工作原理，陀螺可分为机械陀螺（液浮陀螺、动调陀螺）、光学陀螺（激光陀螺、光纤陀螺）、振动陀螺（半球谐振陀螺、硅微陀螺、石英陀螺）和其他陀螺

（静电陀螺、原子陀螺），它们均可应用于卫星姿控系统。在空间应用中，需求特点是高精度、高可靠、长寿命、抗辐照等。目前国际上主要应用于空间领域的惯性敏感器有光纤陀螺惯性敏感器、半球谐振陀螺惯性敏感器、动调陀螺惯性敏感器、液浮陀螺惯性敏感器、MEMS 陀螺惯性敏感器等。在种类众多的惯性敏感器中，半球谐振陀螺惯性敏感器以其优异的特性，在空间领域受到越来越多的关注和应用。因半球谐振陀螺惯性敏感器具有测量精度高、稳定性和可靠性高、工作寿命长等优点，美国将其作为执行航天任务优选的"高价值传感器"。半球谐振陀螺惯性敏感器典型的特性如图 1-1 所示。

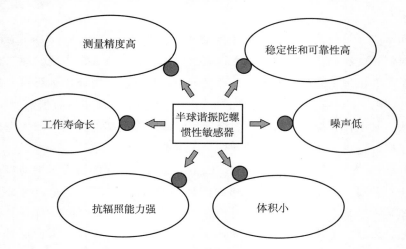

图 1-1　半球谐振陀螺惯性敏感器典型的特性

半球谐振陀螺惯性敏感器特性简述如下：

（1）测量精度高

半球谐振陀螺是目前世界上精度最高的固体波动陀螺，性能指标最高的为用于哈勃太空望远镜的定向半球谐振陀螺惯性敏感器，其测量精度达到 0.000 08 （°）/h。

（2）稳定性和可靠性高

半球谐振陀螺结构简单，属于固体波动陀螺，没有高速旋转的机械转子，且没有因机械摩擦而引起的陀螺漂移。此外，陀螺核心结构由高纯熔融石英材料制成，具有极其稳定的化学、物理性质，因而半球谐振陀螺惯性敏感器稳定性和可靠性高。

（3）工作寿命长

半球谐振陀螺惯性敏感器本身具有寿命长的特点，除了在地面试验和储存期间器件的真空衰减会影响性能外，不存在其他失效机理。卡西尼（Cassini）号土星探测器的半球谐振陀螺惯性敏感器工作时间为 19 年 11 个月，因此半球谐振陀螺惯性敏感器被公认为目前工作寿命最长的惯性敏感器。

此外，半球谐振陀螺惯性敏感器还具有很多优点：体积小、噪声低，对加速度不敏感，有良好的抗冲击性，能承受大的机动过载，抗辐照能力强，独有的瞬间断电工作保持能力，断电后 30 min 内可继续工作等。

法国赛峰集团（SAFRAN）旗下的萨基姆（Sagem）公司将半球谐振陀螺和当前主流的激光陀螺、光纤陀螺进行了评价对比，如图 1-2 所示。他们认为，对比测量精度和 C＋SWaP（Cost，Size，Weight and Power dissipation），半球谐振陀螺具有明显的优势。因此，半球谐振陀螺惯性敏感器在航天、航空、车辆、船舶等导航领域有着广阔的应用前景。

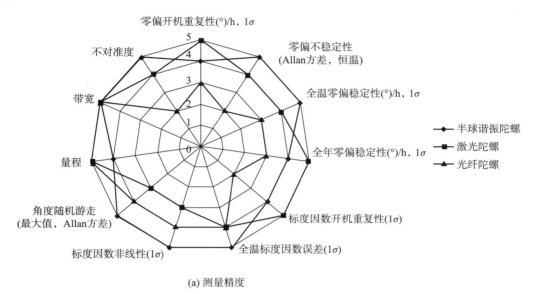

(a) 测量精度

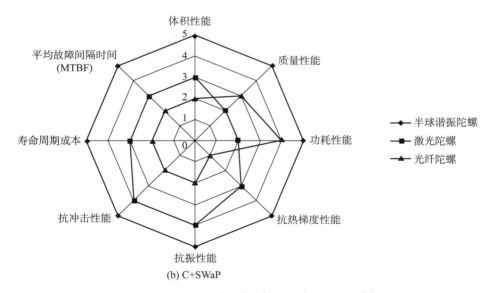

(b) C+SWaP

图 1-2　Sagem 公司对三类陀螺的评价对比（见彩插）

1.2 半球谐振陀螺的基本原理及分类

1.2.1 半球谐振陀螺的基本原理

半球谐振陀螺是利用半球谐振子振动驻波沿环向的进动来敏感外壳旋转的一种振动陀螺，其核心结构为半球结构的谐振子，主要工作原理如图 1-3 所示，半球谐振子在控制系统的作用下维持环向波数为 2 的四波腹振动，在这种振动模态下，半球谐振子唇缘的振型具有四个波腹和四个波节。当陀螺不旋转时，波腹点和波节点的位置相对壳体保持不变；当陀螺旋转时，在科氏力的作用下，振型相对外壳体产生环向进动。当外壳体逆时针绕中心轴旋转角度为 φ 时，振型相对半球壳顺时针旋转 θ，且 $\theta = K\varphi$，K 称为振型的进动因子。因此，只要精确测量出振型相对壳体旋转的角度 θ，就可以计算出壳体绕中心轴转过的角度 φ。

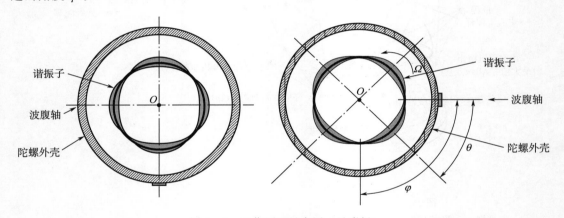

图 1-3　工作原理示意图（见彩插）

1.2.2 半球谐振陀螺的典型结构

半球谐振陀螺的半球谐振子通常由高纯熔融石英材料制成，且封装在真空金属罩中。采用真空密封和熔融石英玻璃的目的是减小空气阻力，提高谐振子的品质因数 Q 值，使其连续工作时间延长，同时使整个系统对温度变化不敏感。半球谐振陀螺敏感头部分有三种构型：

（1）三套件内外电极构型

三套件内外电极构型的核心结构如图 1-4（a）所示，从图中可看出半球谐振陀螺主要由三个结构件组成：半球谐振子、激励罩、读出基座。半球谐振子是半球谐振陀螺的关键敏感器件，其形状为带有中心支撑杆的半球形薄壁壳体，中心支撑杆下端通过铟焊的方式固定在读出基座中心孔上，上端固定在激励罩的中心孔中，使得谐振子位于读出基座和激励罩之间，各表面之间具有一个微小的间隙，三套件内、外表面都镀有金属膜层（使其金属化）。激励罩内表面制作多个激励电极，与谐振子外表面形成多个小电容，读出基座外表面制作有 8 个检测电极,与谐振子内表面形成 8 个小电容,激励电极与检测电极分布如图 1-4 (b) 所示。在激励罩激励电极上施加适当的电压,利用静电力作用驱动半球谐振子产生振动,读出基座利用电容的变化监测谐振子的振动情况和位移变化,便可得出整个陀螺旋转角度的读出信号。

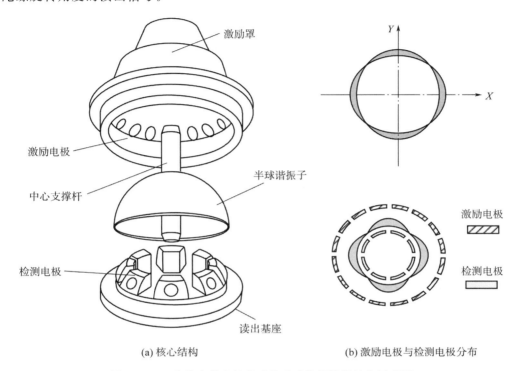

(a) 核心结构   (b) 激励电极与检测电极分布

图 1-4 三套件内外电极构型的半球谐振陀螺结构示意图

(2) 两套件球面电极构型

美国诺格 (Northrop Grumman) 公司在传统三套件内外电极构型基础上进行了小型化的结构改进,提出了两套件球面电极构型,其结构如图 1-5 所示。俄罗斯梅吉科研究所也一直致力于此构型半球谐振陀螺的研发。两套件球面电极构型的半球谐振陀螺在传统三套件内外电极构型的基础上,将体积最大的激励罩去除,只保留半球谐振子与原读出基座,对原读出基座表面进行了金属化镀膜,制作出图形化的电极。半球谐振子形状为带有单端中心支撑杆的半球形薄壁壳体,中心支撑杆下端通过铟焊的方式固定在读出基座上。电极总数一般为 8 个或 16 个,电极相互间隔对称分布,电极间需要特别进行信号屏蔽设计。

(3) 平面电极构型

法国 Sagem 公司提出了一种平面电极的结构形式,如图 1-6 所示。该构型半球谐振陀螺核心组件主要由半球谐振子、平面电极基板两部分组成。这两个部件由高品质的熔融石英玻璃制作而成,且封装在真空金属罩中。谐振子形状为带有单端中心支撑杆的半球形薄壁壳体,中心支撑杆下端通过铟焊的方式固定在平面电极基板上,半球谐振子与平面电

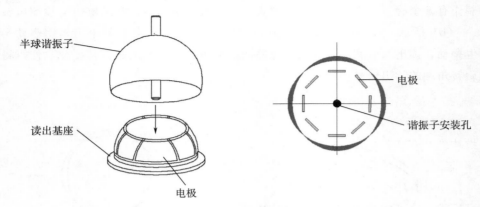

图 1-5　两套件球面电极构型的半球谐振陀螺结构示意图

极基板之间有一个微小的间隙，对谐振子内表面及唇沿位置进行金属化镀膜，平面电极基板上制作有图形化的电极，此结构中，激励电极和检测电极在同一基板平面上，电极总数一般为 8 个或 16 个，电极相互间隔对称分布，电极间需要特别进行信号屏蔽设计。

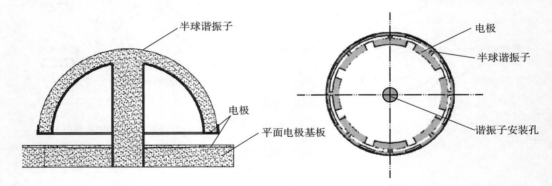

图 1-6　平面电极构型的半球谐振陀螺结构示意图

1.2.3　半球谐振陀螺的主要工作模式

　　半球谐振陀螺基于科氏效应对输入的角速度或角度进行测量，对谐振子进行外部激振，从而在谐振子上形成稳定的振动驻波。在没有角速度输入时，驻波方位保持静止。在有角速度输入时，驻波进动，进动角度与外界输入角度成正比。在控制系统作用下，根据测角方式不同，半球谐振陀螺主要有力平衡和全角度两种工作模式。

　　（1）力平衡模式

　　力平衡模式是通过控制作用来平衡科氏力，进而消除谐振子振型与陀螺转动的角度滞后，由于科氏力与输入角速度成正比，而用于平衡科氏力的控制电压又与科氏力成正比，因此可以用平衡科氏力的控制电压大小实时表征陀螺的输入角速度，这种工作模式称为力平衡模式（FTR：Force to Rebalance Mode）。

（2）全角度模式

全角度模式是通过实时监测谐振子的振型以及与陀螺输入角度成固定比例关系的角度滞后来表征输入角度，这种工作模式称为全角度模式（WA：Whole Angle Mode）。

在工程应用中，半球谐振陀螺可采用任何一种单一的工作模式，也可以将两种工作模式复用切换。美国诺格公司采用环形电极与分立电极相结合的全角度模式振型控制方案，其中 HRG 130P 型半球谐振陀螺，可以实现在全角度模式与力平衡模式之间任意切换，零偏稳定性达到 0.000 1（°）/h。法国 Sagem 公司提出基于分离电极的频分复用与时分复用相结合的三回路全角度模式控制方案，该方案的特点为：控制和检测电极为同一套电极，通过时分复用的方法交替使用；幅度控制回路、检测回路和正交回路分别工作在不同的频率上，进而抑制各回路间的耦合误差。该方案电极的数量少且结构简单，具有小型化潜力，目前其全角度模式半球谐振陀螺精度折算至角速度优于 0.01（°）/h。

1.3 半球谐振陀螺惯性敏感器发展

1.3.1 研究应用概况

美国在航天领域长期处于世界领先地位，其执行空间任务的高精度陀螺敏感器首选半球谐振陀螺方案。自 1996 年首次空间应用开始，半球谐振陀螺作为航天任务优选的"高价值传感器"，已在超过 200 余项空间任务中累计飞行 5 000 万小时，任务 100% 成功，充分验证其空间应用的独特优势。苏联/俄罗斯自 20 世纪 80 年代起，也有多家单位开展了关于半球谐振陀螺相关技术的研究，近几年随着俄罗斯航天工业复苏，又开始加紧半球谐振陀螺惯性敏感器的应用研究，目前已应用于通信卫星。法国 Sagem 公司致力于半球谐振陀螺技术的研究，将研制的半球谐振陀螺 Regys 20（HRG）作为惯导级产品，应用在空间技术领域。我国半球谐振陀螺惯性敏感器研究及应用起步相对较晚，技术水平与工程应用均与国际先进水平有一定差距。但随着我国科技与经济实力的飞速发展，近年来我国半球谐振陀螺惯性敏感器研究与工程应用均取得了重大进展。

（1）美国

原美国通用汽车公司休斯电子设备公司下属的德尔科（Delco）公司最早开始研究半球谐振陀螺，并于 1979 年获得专利权，在 MX 导弹进行的试验中，系统定位精度达到 1 n mile/h（1 n mile= 1.852 km）。随后，该公司基于 HRG 技术，启动了 C400 计划，开发了飞机导航用惯性参考单元（IRU，由 4 个 HRG 组成），并进行了长期飞行试验。同时，该公司采用新一代 HRG 130Y，开发了空间惯性参考单元（SIRU，由 4 个 HRG 和 2 个加速度计组成），用于新一代卫星和宇宙飞船，并于 1996 年在一个 NEAR 项目中进行了第一次应用。在 1991—1992 年，德尔科公司还研制了在恶劣环境下仍具有高精度的 HRG 158X。同时，德尔科公司还在密尔沃基建立了一条生产 HRG 158Y 的生产线，并利用汉莎公司的飞机对 HRG 158Y 进行了长达一年的飞行测试，整个测试过程中没有一次失败。但由于海湾战争导致航空业不景气，使得 HRG 的订单量远低于其期望值，于是德尔科公司被迫终止了 HRG 的生产。

1993 年，美国德尔科公司 HRG 130Y 型半球谐振陀螺及其空间惯性参考单元 SIRU 重新开始投产，该 SIRU 为空间应用特制单元，增加了抗辐射加固电路和电源模块，4 个 HRG 130Y 陀螺采用斜装冗余结构，4 套传感器电路模块提供容错能力，HRG 130Y 及 SIRU 基本性能与基本特性分别见表 1-1 和表 1-2。

表 1-1　HRG 130Y 及 SIRU 基本性能

HRG 130Y 的基本性能	SIRU 基本性能
零偏稳定性 0.002(°)/h(1σ)	零偏稳定性 0.015(°)/h(1σ)
角度随机游走 0.000 1(°)/√h	角度随机游走 0.001(°)/√h
标度因数误差 20×10^{-6}(1σ)	角度白噪声 3.2×10^{-4}(°)/$\sqrt{Hz}$

表 1-2　SIRU 基本特性

基本特性	数据
传感器数量	4 个 HRG，2 个加速度计
尺寸/cm	$20.3 \times 9.5 \times 30.2$
质量/kg	<5.5
功耗/W(70 V_{DC} 输入)	22
可靠性(15 年连续工作)	>0.995

1994 年，利通（Litton）公司收购了德尔科公司的惯性事业部。在 1994—1995 年，德拉普尔（Draper）实验室进一步升级了 HRG 130Y 的性能。在之后的近 10 年时间里，Draper 实验室对 HRG 130Y 进行了大量的测试，包括精度性能指标和各项环境试验指标，通过各项测试对 HRG 进行进一步的优化设计。

2000 年，诺格公司收购了德尔科公司，2001—2002 年，研究人员对 HRG 的基本资料及生产信息进行了总结，建立了 HRG 的数据库。同年，美国开发出高精度半球谐振陀螺 HRG 130P，并组建了新一代可扩展型的空间惯性参考单元（SSIRU），其性能得到大幅度改善。SSIRU 为全冗余的交叉捷联容错设计，采用宽脉冲调制，标度因数线性度和零偏稳定性比传统的阶跃数字模拟转换提高了两个数量级。模拟信号解调升级为读出信号后直接利用高速数字采样进行数字解调，全过程为数字电路，功耗较低。新的系统信号处理提高了带宽，响应时间小于 1 ms。与传统最优的 SIRU 系统的性能比较见表 1-3。基于 HRG 130P 的 SSIRU 惯性敏感器也成为美国目前主流的空间半球谐振陀螺惯性敏感器产品[2]。

表 1-3 SSIRU 与 SIRU 系统的性能比较

性能	SIRU™±12 (°)/s	SSIRU™±12(°)/s	提高比例
角度白噪声/[(°)/$\sqrt{Hz}$]	0.000 2	0.000 016	14%
角度随机游走/[(°)/$\sqrt{h}$]	0.000 60	0.000 06	10%
零偏稳定性/[(°)/h,1σ]	0.005 0	0.000 5	10%
标度因数稳定性/(10^{-6},1σ)	100	1.0	100%
标度因数线性度/(10^{-6},1σ)	100	1.0	100%

在 HRG 130P 的基础上，诺格公司目前正在研发 Mili-HRG。通过将 HRG 130P 结构中的激励罩去除，只保留半球谐振子与读出基座，这使得 Mili-HRG 的零部件数为 HRG 130P 的 10%，虽然只有 5 个零部件，但仍然保留着 HRG 130P 的高精度水平。激励罩去除后，利用读出基座，采用分时复用技术，交替实现谐振子振动的激励与检测，减少了激励信号与检测信号之间的耦合，但也增大了控制的难度。Mili-HRG 的零偏稳定性为 0.005 (°)/h，角度随机游走为 0.000 25 (°)/$\sqrt{h}$。通过实时自校准技术将零偏降低到 0.001 (°)/h。Mili-HRG 在极简的结构下达到惯性级的精度，具有非常好的应用前景，诺格公司声称，该陀螺将成为未来其惯性生产线的核心产品。目前 Mili-HRG 尚无应用报道，仍处于研制或产品鉴定阶段[3]。

诺格公司的半球谐振陀螺系列产品在空间领域的应用已相当成熟。1996 年，应用于 NEAR 飞船的半球谐振陀螺首次飞向太空。1996 年，半球谐振陀螺被应用于卡西尼号土星探测器，在近 20 年历经 49 亿千米的飞行后，于 2017 年随卡西尼号土星探测器一起坠向了土星，完成了它的历史使命。

近年来，诺格公司的 SSIRU 作为航天任务优选的高价值传感器，连续获得了商业合同。自 2007 年以来，诺格公司已为韩国航空航天研究院（KARI）的 KOMPSAT-3，KOMPSAT-3A 以及 KOMPSAT-5 等多颗卫星提供了 SSIRU；2014 年，韩国航空航天研究院向诺格公司提供了一份价值 900 万美元的合同，用于采购 SSIRU，为其 GEO-KOMPSAT-2 卫星计划提供空间惯性参考单元，该卫星为地球静止轨道卫星，将用于气象和海洋环境监测。

2014 年，NASA 太阳探测附加（Solars Probe Plus）项目也采用了 SSIRU，已于 2018 年 8 月成功发射。在该项目中，航天器首次穿越太阳的大气层，实现对太阳日冕的探索，从而解答太阳日冕层温度为何明显高于其可视表面，以及是什么加速了太阳风等科学问题。该项目工作环境十分严酷且任务周期长达 7 年，对惯性敏感器提出了极高的要求（精度、寿命和环境适应性）。由于半球谐振陀螺具有无可比拟的优势（性能、精度和可靠性等），NASA 最终选择诺格公司的 SSIRU，该项目已完成第三次近日点飞行，目前 SSIRU 工作正常[4]。

洛克希德·马丁公司在 2015 年的天基红外系统以及 2018 年的空间劳拉系统中，均选择 SSIRU。后续詹姆斯·韦伯（James Webber）太空望远镜也将采用诺格公司的半球谐振陀螺惯性敏感器作为姿态控制系统的核心单机[5]，詹姆斯·韦伯太空望远镜是哈勃太空望远镜的继任者，工作轨道高达 150 万千米，距离地球十分遥远，所以无法像哈勃太空望远镜那样派遣航天员进行维修，一旦其惯性敏感器失效，整个望远镜将永久作废，因而该项目对惯性敏感器提出了极高的可靠性要求，这也就决定了半球谐振陀螺惯性敏感器是其最佳选择。詹姆斯·韦伯太空望远镜将提供宇宙中形成的第一个星系的图像，并探索遥远恒星周围的行星，而使用高精度、高可靠的半球谐振陀螺惯性敏感器将是该任务成功的坚强保证。

（2）法国

法国从事半球谐振陀螺惯性敏感器研制生产的公司为赛峰集团旗下的 Sagem 公司，其半球谐振陀螺产品精度分布在 0.1～0.001（°）/h。自 2007 年，Sagem 公司面向空间应用研制了 Regys20 半球谐振陀螺惯性敏感器，设计精度为 0.01（°）/h，截至 2018 年，已累计为 8 颗轨道通信卫星提供了超过 100 余轴半球谐振陀螺。2013 年 2 月，Sagem 公司研制的三轴 HRG 惯性敏感器，获得了欧洲最大的卫星制造公司（Thales Alenia Space）超过 100 套产品的订单，以应用于空间任务。

Sagem 公司正在研制半球谐振陀螺惯性敏感器系统 SpaceNaute，以开拓运载火箭领域的应用，该系统将用于阿里安 6 型火箭，预计于 2020 年首次发射，自 2023 年起每年发射 11 次。

除了空间应用外，Sagem 公司还扩展了半球谐振陀螺惯性敏感器在其他领域的应用。基于战术级半球谐振陀螺惯性敏感器研制了针对航海领域的 BlueNaute 系列航姿参考系统，BlueNaute 是第一批基于半球谐振陀螺惯性敏感器的罗经和姿态航向参考系统（AHRS）。针对不同应用领域，研制了 Compass、Premium、Titanium、Platinium 四款型号产品，主要应用于油气运输船、大型游艇等各类船舶导航、海上钻井平台等领域。针对陆用惯导系统的 Sigma 20、Epsilon 20 系列半球谐振陀螺惯性敏感器，主要应用于地面战车导航、陆用武器稳定控制等领域[6-8]。

（3）俄罗斯

俄罗斯拉明斯基仪器制造设计局于 2003 年 9 月研制了由半球谐振陀螺构成的垂直导航系统，导航定位精度达到了 1.5 km/h。目前，已经开发出 ТВГ－3（英文型号为 TVG－3）、ТВГ－4（英文型号为 TVG－4）系列的半球谐振陀螺。表 1－4 为拉明斯基仪器制造设计局最新开发的 ТВГ－4 性能指标，表 1－5 为拉明斯基仪器制造设计局基于 ТВГ－4 开发的 БИНС－ТВГ（英文型号为 BINS－TVG）捷联惯性导航系统（航空惯导系统）性能指标。

表 1－4　TVG－4 性能指标

性能	数值
随机漂移/[（°）/h]	0.003～0.005
系统漂移/[（°）/h]	±10

续表

性能	数值
功耗/W	1
尺寸/mm	65×64
质量/g	300

表 1-5　BINS-TVG 性能指标

性能	数值
测量范围/[(°)/s]	±10
系统漂移/[(°)/h]	±10
姿态确定误差/(°)	0.1
功耗/W	1
尺寸/mm	7
质量/kg	14

　　俄罗斯米亚斯梅吉科研究所（SIE Medicon）生产开发了直径为 30 mm 的半球谐振陀螺，应用于卫星天线稳定系统和组合惯性单元。该公司致力于经济效益高的新工艺开发，通过简化石英敏感元件的结构并研制相应的控制系统，成功控制了产品成本，拓展了半球谐振陀螺的应用范围。新近研发出的石油钻井勘探用半球谐振陀螺倾斜仪具有较高的性能，能满足其低成本、小尺寸、低功耗的要求，可承受较大温度变化和冲击作用。研发的惯性测量组合，随机漂移为 0.01 (°)/h，可用于通信卫星控制系统。

　　梅吉科研究所在半球谐振陀螺的制作工艺领域具有独特的技术专长。从 1995 年开始，梅吉科研究所就与美国利通公司合作，共同开展工艺技术研究，解决半球谐振陀螺研制中的工艺技术问题，其独有的离子束调平技术，为美国利通公司提高半球谐振陀螺精度、减小陀螺噪声、抑制漂移干扰发挥了重要作用。近年来，梅吉科研究所开始致力于半球谐振陀螺小型化和高精度方面的研究，并尝试将其推向航天领域。2012 年 7 月，Yubileiny-2 技术试验卫星搭载着梅吉科研究所研制的半球谐振陀螺惯性敏感器发射升空，表 1-6 为梅吉科研究所开发的航天用半球谐振陀螺惯性敏感器主要性能指标。另外，2013 年梅吉科研究所为欧洲引力波探测计划（VIRGO）研制的半球谐振陀螺惯性敏感器达到了 0.000 5 (°)/h 的超高精度。

表 1-6　梅吉科研究所开发的航天用半球谐振陀螺惯性敏感器主要性能指标

性能	数值
连续运行时间/年	15
常规工作时间/年	20
随机漂移/[(°)/h]	0.05
角速率测量范围/[(°)/sec]	±10

续表

性能	数值
功耗/W	1.5
工作温度范围/℃	−30~80
体积/cm³	2 700
质量/kg	3

（4）中国

我国半球谐振陀螺研制开始于 20 世纪 90 年代，目前中国电子科技集团有限公司第 26 研究所（中电 26 所）、上海航天控制技术研究所、哈尔滨工业大学、国防科技大学、北京航空航天大学、长春理工大学等科研机构及高校开展了半球谐振陀螺及其惯性敏感器技术的相关研究，发表了诸多论文，申请了多项专利。

中电 26 所已经建成一条半球谐振陀螺小批量生产线，开展与半球谐振陀螺制造相关的关键技术研究，能够实现力平衡模式的半球谐振陀螺小批量生产。上海航天控制技术研究所长期致力于半球谐振陀螺惯性敏感器设计、应用，以及高精度数字化控制技术相关研究，目前已实现国内航天领域的多次型号应用。哈尔滨工业大学在半球谐振陀螺的动力学建模、误差机理分析、测试标定以及半球谐振陀螺惯性导航技术方面取得了许多成就。北京航空航天大学较早地开展了有关轴对称壳结构谐振陀螺的理论模型与仿真设计方面的工作。国防科技大学在半球谐振陀螺力平衡控制技术、陀螺温度补偿、陀螺振动特性检测等方面开展了大量研究。哈尔滨工业大学、长春理工大学等在半球谐振子精密加工方面开展了相关研究，形成了各自的半球谐振子成型工艺。

上海航天控制技术研究所研制的半球谐振陀螺惯性敏感器在通信技术试验卫星二号首次实现正式在轨应用，并且已应用于高分五号卫星等多个空间飞行器。随着国内星载半球谐振陀螺惯性敏感器技术的发展与应用，目前国内越来越多的科研单位从半球谐振陀螺惯性敏感器总体设计、高性能材料、超精密加工、高精度控制、误差补偿、测试标定等各个方面开展相关的理论与技术研究。

1.3.2　发展趋势及展望

随着科学技术的飞速发展，空间飞行器正向着精细化的方向发展，惯性敏感器作为空间飞行器重要的设备之一，是控制系统中重要的单机产品，空间飞行器的发展为半球谐振陀螺惯性敏感器技术指明了发展方向。

1.3.2.1　半球谐振陀螺惯性敏感器的发展趋势

半球谐振陀螺惯性敏感器以卓越的性能优势，在空间领域获得了成熟应用。随着空间飞行器和半球谐振陀螺惯性敏感器自身技术的发展，未来半球谐振陀螺惯性敏感器在空间领域将获得更广泛的应用。综合考虑未来空间飞行器及其他应用领域对惯性敏感器的需求，半球谐振陀螺惯性敏感器的发展方向主要有如下六种类型。

（1）超高精度惯性敏感器产品

超高精度惯性敏感器产品，主要指满足超高精度航天器需求的产品，如高精度检测卫星等。高精度历来是半球谐振陀螺最重要的发展方向，美国在 21 世纪初就已研制出零偏稳定性小于 0.000 1（°）/h 的半球谐振陀螺，并用于哈勃太空望远镜任务，其精度可达 0.000 08（°）/h，这为其进行深空探测和高分辨率对地观测任务提供了坚实的技术基础。

美国诺格公司研制的 SSIRU 产品也已成功应用于上百颗卫星，代表了国际半球谐振陀螺惯性敏感器的最先进水平。此外，俄罗斯梅吉科研究所于 2013 年 3 月为欧洲引力波观测站提供的半球谐振陀螺达到了 0.000 5（°）/h 的超高精度；从公开文献报道看，法国 Sagem 公司的同类应用产品 Regys20，所能达到的精度为 0.01（°）/h，其近期发展目标是使精度达到 0.001（°）/h，进而推广到战略核潜艇的导航应用。

（2）大动态惯性敏感器产品

大动态惯性敏感器产品，主要指能够满足大动态航天器需求的产品。该种产品既要满足大动态的性能指标，还要满足中高精度的需求，如空间攻防卫星、整星摇摆式测绘卫星等。该类设备具备快速的机动能力，这就对半球谐振陀螺的性能提出了高动态范围大带宽的要求，保证卫星在快速机动动作时能正确提供准确的姿态信息，确保姿态正确调整。除此之外，在战术武器、航空、航海以及消费电子领域，具有大动态范围且可直接测量角度的半球谐振陀螺还可以简化系统软硬件结构，提高陀螺操作的简便性，降低系统成本，提高系统的可靠性。

（3）长寿命惯性敏感器产品

长寿命惯性敏感器产品，主要指寿命大于 15 年的产品，以满足长寿命航天器的需求，如深空探测器等。美国诺格公司自 20 世纪 80 年代开始，已在工程中应用半球谐振陀螺，在航天领域应用最多，截至 2019 年，诺格公司基于半球谐振陀螺的测量系统已装备 200 余项空间任务，累计飞行时间超过 5 000 万小时，无一失效，成功率达到了 100%，其中用于卡西尼号土星探测器的半球谐振陀螺工作近 20 年。目前诺格公司的长寿命半球谐振陀螺产品已广泛应用在宇宙飞船、各种型号卫星、太空望远镜、轨道飞行器等。

（4）小型化惯性敏感器产品

小型化惯性敏感器产品，主要指能够批量化生产和研发的基于两套件球面电极构型的高精度半球谐振陀螺产品，以满足微小型航天器对惯性敏感器体积小、功耗低、重量轻的要求。

半球谐振陀螺系统体积越小，功耗越低，运载成本越低，可搭载的载荷数量越多，在相同星载电源容量下可实现的功能也越多。两套件球面电极构型的半球谐振陀螺是近些年来新出现的一种半球谐振陀螺。该构型在三套件内外电极构型的基础上去除了陀螺的激励罩，使得陀螺的零部件减少了 10%，极大降低了陀螺加工制造难度，在保持同等精度水平的前提下减小了重量和体积，提升了可靠性，实现了半球谐振陀螺的轻质小型化。美国、俄罗斯以及法国等国家现阶段均重点发展两套件球面电极构型的半球谐振陀螺；法国

Sagem 公司采用平面电极构型和两套件球面电极构型方案，已有批量生产的能力。两套件球面电极构型的半球谐振陀螺是降低加工制造难度、满足大量应用需求的必然技术途径。

（5）微型化惯性敏感器产品

微型化惯性敏感器产品，主要指基于 MEMS 制作工艺生产和研发的微半球谐振陀螺及 MEMS 谐振环式陀螺等，是未来重要的发展方向。

传统的半球谐振陀螺谐振子由熔融石英加工而成，加工难度大且成本高，体积也较大。美国多年前已开始关于微半球谐振陀螺的研究，力图研制新一代微型化惯性敏感器产品。由美国 DARPA 项目资助，美国犹他大学开始了微半球谐振陀螺（μHRG）的研究，现处于实验室研究阶段，主要解决半球谐振陀螺制作成本高、体积大的问题，其利用 MEMS 工艺制作的带集成电极的 3D 半球结构（半球壳体由 SiO_2 组成），平均表面刚度为 5 N/m，直径为 500 μm，$Q=20\ 000$。从已公开的专利看，诺格公司 2007 年申请的专利 US8109145B2 公开了一种微半球谐振陀螺（μHRG），根据专利描述，制作的半球谐振陀螺最小直径为 200 μm，厚度仅为 0.5 μm，与普通半球谐振子相比，其制造成本将降低两个数量级，角速度量程则提高两个数量级。诺格公司于 2012 年推出新一代微半球谐振陀螺（mHRG），零偏稳定度达到 0.000 3（°）/h。

2014 年，美国波音公司报道了一种基于多环结构的圆盘形微半球谐振陀螺。该陀螺直径为 8 mm，采用硅基材料加工完成，利用力反馈闭环数字系统进行电路控制，同时增加温度补偿模块，以进一步提高器件的性能指标。测试结果显示，该器件的零偏稳定性和重复性优于 0.01（°）/h，是目前报道的所有 MEMS 微振动陀螺中性能指标最高的。

英国 BAE 系统公司采用 MEMS 谐振环式陀螺实现 MEMS IMU（Inertial Measurement Unit）系列化，如图 1-7 所示，最小体积仅有 16.387 cm^3，零偏稳定性优于 0.1（°）/h，IMU 可植入士兵战靴，实现单兵全时导航。该公司的谐振环式陀螺有角速率和速率积分两种模式，可用于高速旋转弹、中程导弹和美国 155 mm 制导神箭炮弹等武器系统[8]。

图 1-7　英国 BAE 系统公司的 MEMS IMU

除了众多的公司之外，还有很多的大学和研究机构也在进行相关研究，如佐治亚理工大学、加州大学、首尔大学、根特大学等。发达国家始终未停止对高性能环形、盘形等全对称结构 MEMS 的研制步伐，已在实战中经过检验，实现了以全对称环形固体波动陀螺的"中高精度、低成本、高可靠、大批量、中端军用"为应用的设想。新一代高精度硅微半球和全对称环形固体波动陀螺及其多陀螺阵列集成技术正在兴起。

（6）低成本惯性敏感器产品

低成本惯性敏感器产品，主要指中低精度的惯性敏感器产品，以满足商用航天器、交通导航、土地测量、机器人控制及小型战略战术武器系统等精度要求不高的民用、商用、军用领域的需求。

法国 Sagem 公司主要致力于低成本、中低精度半球谐振陀螺批量化生产和研发，已具备年产 25 000 轴的批产能力，半球谐振陀螺精度为 $0.1 \sim 0.001$ （°）/h，目前广泛应用在各个领域，如海警船、科学考察船、邮轮和游艇、水下机器人、装甲车、侦察车辆、制导武器、飞机等。面对未来广泛的应用市场，低成本、中高精度且可批量生产的半球谐振陀螺已成为低成本惯性敏感器产品中不可或缺的一部分。

1.3.2.2　技术展望

针对空间工程应用，半球谐振陀螺惯性敏感器重点发展技术主要分为三个方向：一为半球谐振陀螺表头敏感器设计及制作方向，具体有谐振子加工工艺技术和表头制造技术；二为电路控制方向，具体为陀螺系统控制方案，包括力平衡模式、全角度模式和自校准模式的驱动控制及分时复用、复合控制等；三为多物理场稳定性设计方向，包括力学、电磁兼容设计和温控系统的稳定性及快速性等。

（1）高精度半球谐振陀螺表头制造技术

半球谐振陀螺表头的制造是半球谐振陀螺制作中最关键的部分，传统的半球谐振陀螺体积大、加工装配难度大，限制了其在一些领域的应用和推广。半球谐振子制作是对表头性能影响最重要的环节，主要研究内容有半球谐振子及支撑结构的材料选择和结构设计，所选材料既要保证加工出来的谐振子具有高 Q 值，同时也能够保证制作工艺的兼容性。设计重点是半球谐振子的结构及尺寸参数的确定和优化，包括不同的谐振子几何结构、不同的尺寸参数对谐振频率、频差、Q 值等的影响。

（2）高精度半球谐振陀螺表头新型加工技术

半球谐振陀螺的工作原理要求半球谐振子是完全对称且均匀的谐振器，而实际加工出的半球谐振子和理想的对称形状总是存在一些偏差，诸如球心重合度差、质量分布不均匀等一系列问题。要保证半球谐振陀螺的精度指标，必须最大限度消除制作过程中形成的系统误差。寻找新的工艺方法去实现半球谐振子的加工、抛光、镀膜、修形、装配、封装，这些技术也是目前国内外半球谐振陀螺研制单位主要研究的内容。

除了上述列举的一些关键技术外，还有半球谐振子成型工艺；严格各向同性腐蚀工艺；牺牲层材料的选择、高均匀性沉积工艺及牺牲层去除工艺；金属电极材料的化学或物理沉积工艺及图形化工艺；支撑柱和半球谐振子的微装配及结合力增强工艺；将单项工艺整合，形成微陀螺整体的工艺路线，优化工艺流程、工艺参数等。

（3）半球谐振陀螺驱动控制电路技术

传统的半球谐振陀螺有两种控制模式，分别为力平衡模式和全角度模式。力平衡模式下的陀螺精度高、噪声低，但动态范围受限；全角度模式下的陀螺动态范围大，但对半球谐振子加工工艺和控制方案要求较高。在实际的应用中，有时不仅需要航天器在工作中保持高精度，还需要拥有大动态运动的能力，力平衡模式和全角度模式的复合控制能很好地解决上述问题；自校准技术是一种新型的陀螺电路控制技术，目前已被试验证明其能很好地抑制温度对陀螺性能的影响，并且还能降低陀螺零位，提高系统信噪比。

（4）半球谐振陀螺多物理场稳定性设计技术

半球谐振陀螺在应用中面临着各类复杂恶劣环境的挑战，在有限空间内的力、热、电磁等环境干扰均会对陀螺系统应用造成巨大干扰。

为解决半球谐振陀螺系统设计面临的复杂环境问题，需要对系统内部复杂的力、热、电磁等环境进行分析和抑制，从而为陀螺提供高稳定的工作环境，进一步提高系统的精度和可靠性。

参 考 文 献

［1］ 薛连莉，陈少春，陈效真.2017 年国外惯性技术发展与回顾［J］．导航与控制，2018（2）：1－9.

［2］ DAVID M R. The hemispherical resonator gyro：from wineglass to the planets［J］．Spaceflight Mechanics，2009，134：1157－1178.

［3］ ROZELLE D M，MEYER A D，TRUSOV A A，et al. Milli－hrg inertial sensor assembly－a reality［C］//2015 IEEE International Symposium on Inertial Sensors and Systems（ISISS）. IEEE，2015.

［4］ http：//news. northropgrumman. com/news/.

［5］ ANTHONY MATTHEWS. The operation and mechanization of the hemispherical resonator gyroscope［C］//Proceeding of IEEE/ION plans 2018，Monterey，CA，2018：7－14.

［6］ FABRICE DELHAY. HRG by safran：The game－changing technology［C］//IEEE Inertial Sensors & Systems Symposium，2018.

［7］ JEANROY A，GROSSET G，GOUDON J C，et al. HRG by sagem from laboratory to mass production［C］//IEEE International Symposium on Inertial Sensors and Systems（ISISS）. IEEE，2016：1－4.

［8］ GIRARD O，CARON J M，BERTHIER P. HRG technology：a promising gyrometer space equipment［C］. Proceedings of the 6th International ESA Conference on Guidance，Navigation and Control Systems，2006.

［9］ PARSA TAHERI－TEHRANI，OLEG IZYUMIN，IGOR IZYUMIN，CHAE H AHN，ELDWIN J NG，VU A HONG，YUSHI YANG，THOMAS W KENNY，BERNHARD E BOSER，DAVID A HORSLEY. Disk resonator gyroscope with whole－angle mode operation［C］. 2015 IEEE International Symposium on Inertial Sensors & Systems（ISISS），2015：1－4.

［10］ PARSA TAHERI－TEHRANI，A DORIAN CHALLONER，OLEG IZYUMIN，BERNHARD BOSER，DAVID HORSLEY. A new electronic feedback compensation method for rate integrating gyroscopes［C］. IEEE International Symposium on Inertial Sensors and Systems（ISISS），2016：9－12.

［11］ MINGLIANG SONG，BIN ZHOU，YONGJIAN ZHANG，XINXI ZHANG，BO HOU，RONG ZHANG. Control scheme and error suppression method for micro rate integrating gyroscopes［C］. Proceedings of 2016 IEEE Chinese Guidance，Navigation and Control Conference，August 12－14，2016.

［12］ A A TRUSOV，G ATIKYAN，D M ROZELLE，A D MEYER，S A ZOTOV，et al. Flat is not dead current and future performance of si－mems quad mass gyro system［C］// 2014 IEEE/ION Position，Location and Navigation Symposium－PLANS 2014. IEEE，2014.

[13] GREGORY J A，CHO J，NAJAFI K. Mems rate and rate － integrating gyroscope control with commercial software defined radio hardware ［C］//Solid － State Sensors，Actuators & Microsystems Conference，2011 16th International. IEEE，2011.

[14] JUNGSHIN L，SUNG W Y，JAEWOOK R. Design and verification of a digital controller for a 2 － piece hemispherical resonator gyroscope ［J］. Sensors，2016，16（4）：13 － 14.

[15] TRUSOV A A，PHILLIPS M R，MCCAMMON G H，ROZELLE D M，MEYER A D. Continuously self － calibrating CVG system using hemispherical resonator gyroscopes ［C］//2015 IEEE International Symposium on Inertial Sensors and Systems（ISISS）. IEEE，2015.

第 2 章　半球谐振陀螺理论与设计制造

2.1　半球谐振陀螺动力学理论模型

半球谐振陀螺谐振子的基本形状为极点区域固定在圆柱形支撑杆上的薄壁半球壳。目前学术界建立的半球谐振陀螺动力学模型主要有两类：一类是谐振子在多个截面内近似为薄弹性环的环形模型，一类是基于理想半球壳的薄壳模型。

2.1.1　基于环形结构假设的动力学模型

为简化半球谐振子的动力学分析，将半球谐振子唇沿处的振动简化成一个薄弹性环的振动，其变形图如图 2-1 所示。利用基希霍夫-李雅夫假设可实现理论推导和计算简化，在环形模型中，基希霍夫-李雅夫的假设为：

1）在形变发生前垂直于中间曲面（aa' 所在的曲面）的直线（如 mm，nn），在变形后，将继续垂直于该中间曲面；

2）沿壳体厚度的法线段（mm，nn），在变形过程中保持长度不变；

3）平行于中间曲面的相邻薄壳层曲面（$p''s'$ 与 $p's''$ 所在的曲面）之间，相比于应力张量的其他分量，法向应力是小量，可忽略不计。

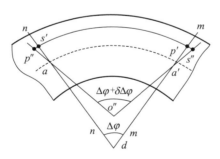

图 2-1　环形模型变形示意图

在谐振子不变形时，单位长度用线段 aa_1 表示，如图 2-2 所示，设 a 与 a_1 在坐标系 XOY 中的坐标分别为 $(x，y)$ 以及 $(x_1，y_1)$，则

$$x = R\cos\varphi，y = R\sin\varphi$$
$$x_1 = R\cos(\varphi + \Delta\varphi)，y_1 = R\sin(\varphi + \Delta\varphi) \tag{2-1}$$

在小角度近似下（$\Delta\varphi$ 很小），线段 aa_1 的长度可以通过计算得到

$$\mathrm{d}s = \sqrt{(x - x_1)^2 + (y - y_1)^2} \approx R\Delta\varphi \tag{2-2}$$

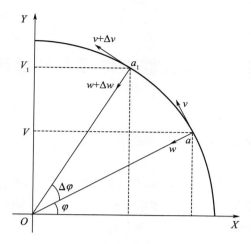

图 2-2　环形谐振子质点位移形变示意图

当谐振子存在振动变形时，设位于质点 a 处的振动径向位移和切向位移分别为 w 和 v，则变形后质点 a 和 a_1 的坐标分别为

$$\bar{x} = R\cos\varphi - v\sin\varphi - w\cos\varphi \qquad (2-3)$$
$$\bar{y} = R\sin\varphi + v\cos\varphi - w\sin\varphi$$

$$\bar{x_1} = R\cos(\varphi+\Delta\varphi) - (v+\Delta v)\sin(\varphi+\Delta\varphi) - w\cos(\varphi+\Delta\varphi) \qquad (2-4)$$
$$\bar{y_1} = R\sin(\varphi+\Delta\varphi) + (v+\Delta v)\cos(\varphi+\Delta\varphi) - w\sin(\varphi+\Delta\varphi)$$

此时谐振子线段 aa_1 的长度变为

$$\overline{ds} = \sqrt{(\bar{x}-\bar{x_1})^2 + (\bar{y}-\bar{y_1})^2} \approx \Delta\varphi\sqrt{(R+v'-w)^2 + (w'+v)^2} \qquad (2-5)$$

其中撇（'）表示对 φ 求导。由中线不拉伸假设有

$$\overline{ds} = ds \qquad (2-6)$$

即

$$(R+v'-w)^2 + (w'+v)^2 = R^2 \qquad (2-7)$$

对上式进行线性化处理。这里认为 v，v'，w，w' 为小量，将上式展开并忽略高阶项后，有

$$v' = w \qquad (2-8)$$

当谐振子发生变形时，a 点切线转动的角度为 Ψ，即切线 v 与 aa_1 的夹角，由两部分组成

$$\Psi = \Psi_1 + \Psi_2 \qquad (2-9)$$

其中，Ψ_1 是由于切向发生形变，从而引起的法线转角，它与位移 v 有关；Ψ_2 是由于径向发生变形时，由切线转动而引起的转角，它与 $R\Delta\varphi$ 在径向上的位移 w 有关。Ψ_1、Ψ_2 均为小角度，因此

$$\Psi_1 \approx \frac{v}{R}, \Psi_2 \approx \frac{w'}{R} \qquad (2-10)$$

故

$$\Psi = \frac{v + w'}{R} \tag{2-11}$$

当有角速度 Ω 输入时，质点的径向速度 $v_\perp$ 和切向速度 $v_\parallel$ 变为

$$v_\perp = \dot{w} + \Omega v \tag{2-12}$$

$$v_\parallel = \dot{v} + \Omega (R - w) \tag{2-13}$$

利用拉格朗日方法导出谐振子的动力学方程。谐振子的振动动能 T 和弹性势能 Π 分别为

$$T = \frac{1}{2}\rho S (v_\perp^2 + v_\parallel^2) = \frac{1}{2}\rho S \{(\dot{w} + \Omega v)^2 + [\dot{v} + \Omega (R - w)]^2\} \tag{2-14}$$

$$\Pi = \frac{EI}{2}k^2 \tag{2-15}$$

其中

$$k = \frac{\Psi'}{R} = \frac{v' + w''}{R^2} \tag{2-16}$$

式中　ρ ——环的材料密度；

　　　S ——环的横截面面积；

　　　E ——环材料的弹性模量；

　　　I ——横截面相对弯曲轴的惯性矩；

　　　R ——未变形环的半径；

　　　k ——弹性环的中性层的曲率变化。

另外，考虑系统中存在着内摩擦而造成了能量损失，采用开尔文-希尔福特模型，在非弹性形变下，胡克定律为

$$\sigma = E (\varepsilon + \xi \dot{\varepsilon}) \tag{2-17}$$

式中　σ ——应力函数；

　　　ε ——变形；

　　　ξ ——阻尼系数。

此时引入的耗散能量为

$$D = \xi \frac{EI}{\rho SR} \frac{\partial \dot{\Psi}}{\partial \varphi} \tag{2-18}$$

因此，系统的拉格朗日方程为

$$L = T - \Pi - D \tag{2-19}$$

利用哈密尔顿原理，可以得到在外分布载荷的作用下，这时环的运动方程如下所示：

$$\ddot{w}'' - \ddot{w} + 4\Omega \dot{w}' + \alpha^2 (w^{(6)} + 2w^{(4)} + w'') + \alpha^2 \xi (\dot{w}^{(6)} + 2\dot{w}^{(4)} + \dot{w}'') = (p_w'' - p_v')/(\rho S) \tag{2-20}$$

其中

$$\alpha^2 = EI/(\rho SR^4)$$

式中　$\omega(\varphi, t)$——自由时刻环上各点的法向位移；

　　　　圆点——对时间 t 的导数；

　　　　撇——对方位角 φ 的导数；

　　　　p_w，p_v——外分布载荷在未变形环的法线和切线上的投影；

　　　　ξ——表征自由振动衰减时间的系数。

式（2 - 20）的解表示为

$$w(\varphi,t) = x(t)\cos 2\varphi + y(t)\sin 2\varphi \tag{2-21}$$

将式（2 - 21）代入半球谐振子的环形模型方程，使用布勃诺夫-加廖尔金法，得出描述理想半球谐振子二阶固有振型的动力学方程为

$$\begin{cases} \ddot{x}(t) - \dfrac{8}{5}\Omega\dot{y}(t) + \dfrac{36\alpha^2}{5}x(t) = 0 \\[3mm] \ddot{y}(t) + \dfrac{8}{5}\Omega\dot{x}(t) + \dfrac{36\alpha^2}{5}y(t) = 0 \end{cases} \tag{2-22}$$

由式（2 - 22）可以得出，环形谐振子的主振型的进动速度由表达式 $\dot{\theta} = -0.4\Omega$ 确定，对于 $n = 2$ 的主振型，环形谐振子的进动比例系数 $K = 0.4$。

圆环为平直结构，因此数学推导和模型建立较简单，易于在动力学模型中引入各类误差项，半球谐振陀螺的环形模型能够反映出驻波的基本性质。然而环形模型与曲形半球谐振子结构有较大差异，因此也带来许多缺点：谐振子的进动比例系数 K 严重失真；在模型方程中存在对半球形谐振子不确定的惯性矩 I，不能计算谐振子超出边缘平面边界的运动；直接纵向振动、压缩（拉伸）或弯曲振动，不能够更准确地定量指导谐振子误差的计算。因此，目前在描述半球谐振陀螺动力学特性及环境特性时主要采用薄壳模型。

2.1.2　基于壳体结构假设的动力学模型

（1）通用壳体理论

由两个相互间距离远小于其他尺寸的曲面约束而成的物体被称为薄壳或者壳体。壳体微小变形的力学分析仍然是建立在基希霍夫-李雅夫假设基础上的。

通常半球谐振子的直径典型值约为 30 mm，厚度 0.3～1 mm，在工作时振幅＜10 μm，在不考虑器件材料性能、加工误差等条件下，对半球谐振子作如下假设：谐振子材料均匀且各向同性；谐振子为一个等厚度的薄壳体，且薄壳的中性面无形变；谐振子完全对称。

基于弹性力学理论，对于一个连续的弹性体，可以视为无数个微小弹性体的组合，取弹性体的中曲面进行分析。如图 2 - 3 所示，中曲面上某一点 P，在笛卡尔坐标系下可以表示为（x_1，x_2，x_3），将其变化到一个曲面坐标系（α_1，α_2，α_3），且 α_1，α_2，α_3 正交。曲面中，令 α_3 为常数，则其坐标变化可以表示为

$$x_1 = f_1(\alpha_1, \alpha_2), x_2 = f_2(\alpha_1, \alpha_2), x_3 = f_3(\alpha_1, \alpha_2) \tag{2-23}$$

坐标表示为

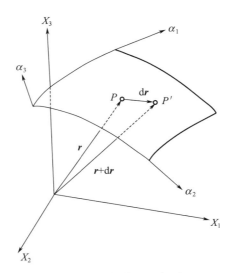

图 2 - 3　笛卡尔坐标系（x_1，x_2，x_3）与曲面坐标系（α_1，α_2，α_3）的变化示意图

$$r = f_1(\alpha_1,\alpha_2)\,e_1 + f_2(\alpha_1,\alpha_2)\,e_2 + f_3(\alpha_1,\alpha_2)\,e_3 \qquad (2-24)$$

变形前后 P 点的位移向量 PP' 为

$$\mathrm{d}r = PP' = \frac{\partial r}{\partial \alpha_1}\mathrm{d}\alpha_1 + \frac{\partial r}{\partial \alpha_2}\mathrm{d}\alpha_2 \qquad (2-25)$$

P、P' 两点间的距离为

$$\mathrm{d}s = \sqrt{(\mathrm{d}r)^2} = \sqrt{\frac{\partial r}{\partial \alpha_1}\frac{\partial r}{\partial \alpha_1}(\mathrm{d}\alpha_1)^2 + \frac{\partial r}{\partial \alpha_2}\frac{\partial r}{\partial \alpha_2}(\mathrm{d}\alpha_2)^2} = \sqrt{A_1^2(\mathrm{d}\alpha_1)^2 + A_2^2(\mathrm{d}\alpha_2)^2}$$
$$(2-26)$$

式中　A_1，A_2——拉梅系数（Lame parameters）。

　　进一步考虑厚度方向 α_3 上的质点位移 R，沿厚度方向上的向量用 $\alpha_3 n$ 表示。则式（2-24）和式（2-25）可变成

$$R(\alpha_1,\alpha_2,\alpha_3) = r(\alpha_1,\alpha_2) + \alpha_3 n(\alpha_1,\alpha_2) \qquad (2-27)$$

$$\mathrm{d}R = \mathrm{d}r + \alpha_3\,\mathrm{d}n + n\,\mathrm{d}\alpha_3 \qquad (2-28)$$

其中

$$\mathrm{d}n = \frac{\partial n}{\partial \alpha_1}\mathrm{d}\alpha_1 + \frac{\partial n}{\partial \alpha_2}\mathrm{d}\alpha_2$$

则其变化距离为

$$(\mathrm{d}s)^2 = A_1^2\left(1 + \frac{\alpha_3}{R_1}\right)^2(\mathrm{d}\alpha_1)^2 + A_2^2\left(1 + \frac{\alpha_3}{R_2}\right)^2(\mathrm{d}\alpha_2)^2 + (\mathrm{d}\alpha_3)^2 \qquad (2-29)$$

式中　R_1，R_2——薄壳体的主曲率半径。

　　在变形前后中曲面上 P 点的位移向量为

$$\mathrm{d}r = PP' = u(\alpha_1,\alpha_2)\,e_{\alpha_1} + v(\alpha_1,\alpha_2)\,e_{\alpha_2} + w(\alpha_1,\alpha_2)\,e_{\alpha_3} \qquad (2-30)$$

式中　e_{α_1}，e_{α_2}，e_{α_3}——坐标 α_1，α_2，α_3 的基向量。

若设薄壳上位于（α_1，α_2，α_3）位置处的点，在变形后的位移向量为

$$\mathrm{d}\boldsymbol{r}_1 = u_1(\alpha_1,\alpha_2,\alpha_3)\boldsymbol{e}_{\alpha_1} + v_1(\alpha_1,\alpha_2,\alpha_3)\boldsymbol{e}_{\alpha_2} + w_1(\alpha_1,\alpha_2,\alpha_3)\boldsymbol{e}_{\alpha_3} \qquad (2-31)$$

记 $u = u(\alpha_1,\alpha_2)$，$v = v(\alpha_1,\alpha_2)$，$w = w(\alpha_1,\alpha_2)$，则根据基希霍夫–李雅夫假设有

$$u_1(\alpha_1,\alpha_2,\alpha_3) = u + \alpha_3 \beta_1(\alpha_1,\alpha_2)$$
$$v_1(\alpha_1,\alpha_2,\alpha_3) = v + \alpha_3 \beta_2(\alpha_1,\alpha_2) \qquad (2-32)$$
$$w_1(\alpha_1,\alpha_2,\alpha_3) = w$$

其中

$$\beta_1(\alpha_1,\alpha_2) = -\frac{1}{A_1}\frac{\partial w}{\partial \alpha_1} + \frac{u}{R_1}$$
$$\qquad (2-33)$$
$$\beta_2(\alpha_1,\alpha_2) = -\frac{1}{A_2}\frac{\partial w}{\partial \alpha_1} + \frac{u}{R_1}$$

则在 $(\alpha_1,\alpha_2,\alpha_3)$ 点，对应的应变与位移关系为

$$\varepsilon_{11} = \frac{1}{A_1(1+\alpha_3 / R_1)}\left(\frac{\partial u_1}{\partial \alpha_1} + \frac{v_1}{A_2}\frac{\partial A_1}{\partial \alpha_2} + \frac{w_1 A_1}{R_1}\right)$$

$$\varepsilon_{22} = \frac{1}{A_2(1+\alpha_3 / R_2)}\left(\frac{\partial u_1}{\partial \alpha_2} + \frac{v_1}{A_1}\frac{\partial A_2}{\partial \alpha_1} + \frac{w_1 A_2}{R_2}\right)$$

$$\varepsilon_{33} = \frac{\partial w_1}{\partial \alpha_3}$$

$$\varepsilon_{12} = \frac{A_1(1+\alpha_3 / R_1)}{A_2(1+\alpha_3 / R_2)}\frac{\partial}{\partial \alpha_2}\left[\frac{u_1}{A_1(1+\alpha_3 / R_1)}\right] + \frac{A_2(1+\alpha_3 / R_2)}{A_1(1+\alpha_3 / R_1)}\frac{\partial}{\partial \alpha_1}\left[\frac{v_1}{A_2(1+\alpha_3 / R_2)}\right]$$

$$\varepsilon_{13} = A_1\left(1+\frac{\alpha_3}{R_1}\right)\frac{\partial}{\partial \alpha_3}\left[\frac{u_1}{A_1(1+\alpha_3 / R_1)}\right] + \frac{1}{A_1(1+\alpha_3 / R_1)}\frac{\partial w_1}{\partial \alpha_1}$$

$$\varepsilon_{23} = A_2\left(1+\frac{\alpha_3}{R_2}\right)\frac{\partial}{\partial \alpha_3}\left[\frac{v_1}{A_2(1+\alpha_3 / R_2)}\right] + \frac{1}{A_2(1+\alpha_3 / R_2)}\frac{\partial w_1}{\partial \alpha_2}$$

$$\qquad (2-34)$$

如果薄壳体很薄，即 α_1，α_2 方向的位移随厚度线性变化，则 α_3 方向位移与 α_3 无关。则满足 Love 方程简化条件：$\varepsilon_{33} = 0$，$\varepsilon_{13} = 0$，$\varepsilon_{23} = 0$，那么方程组（2-34）可以简化为

$$\varepsilon_{11} = \frac{1}{A_1}\left[\frac{\partial}{\partial \alpha_1}(u+\alpha_3\beta_1) + \frac{1}{A_2}\frac{\partial A_1}{\partial \alpha_2}(v+\alpha_3\beta_2) + w\frac{A_1}{R_1}\right]$$

$$\varepsilon_{22} = \frac{1}{A_2}\left[\frac{\partial}{\partial \alpha_2}(v+\alpha_3\beta_2) + \frac{1}{A_1}\frac{\partial A_2}{\partial \alpha_1}(u+\alpha_3\beta_1) + w\frac{A_2}{R_2}\right] \qquad (2-35)$$

$$\varepsilon_{12} = \frac{A_1}{A_2}\frac{\partial}{\partial \alpha_2}\left(\frac{u+\alpha_3\beta_1}{A_1}\right) + \frac{A_2}{A_1}\frac{\partial}{\partial \alpha_1}\left(\frac{v+\alpha_3\beta_2}{A_2}\right)$$

将上述应变方程组（2-35）中的拉压应变 ε^0 和剪切应变 k 分离，则其可以表示为

$$\varepsilon_{11} = \varepsilon_{11}^0 + \alpha_3 k_{11}$$
$$\varepsilon_{22} = \varepsilon_{22}^0 + \alpha_3 k_{22} \qquad (2-36)$$
$$\varepsilon_{12} = \varepsilon_{12}^0 + \alpha_3 k_{12}$$

ε_{11}^0，ε_{22}^0，ε_{12}^0，k_{11}，k_{22}，k_{12} 可由下列方程确定

$$\varepsilon_{11}^0 = \frac{1}{A_1}\frac{\partial u_1}{\partial \alpha_1} + \frac{u_2}{A_1 A_2}\frac{\partial A_1}{\partial \alpha_2} + \frac{u_3}{R_1}$$

$$\varepsilon_{22}^0 = \frac{1}{A_2}\frac{\partial u_2}{\partial \alpha_2} + \frac{u_1}{A_1 A_2}\frac{\partial A_2}{\partial \alpha_1} + \frac{u_3}{R_2}$$

$$\varepsilon_{12}^0 = \frac{A_2}{A_1}\frac{\partial}{\partial \alpha_1}\left(\frac{u_2}{A_2}\right) + \frac{A_1}{A_2}\frac{\partial}{\partial \alpha_2}\left(\frac{u_1}{A_1}\right) \qquad (2-37)$$

$$k_{11} = \frac{1}{A_1}\frac{\partial \beta_1}{\partial \alpha_1} + \frac{\beta_2}{A_1 A_2}\frac{\partial A_1}{\partial \alpha_2}$$

$$k_{22} = \frac{1}{A_2}\frac{\partial \beta_2}{\partial \alpha_2} + \frac{\beta_1}{A_1 A_2}\frac{\partial A_2}{\partial \alpha_1}$$

$$k_{12} = \frac{A_2}{A_1}\frac{\partial}{\partial \alpha_1}\left(\frac{\beta_2}{A_2}\right) + \frac{A_1}{A_2}\frac{\partial}{\partial \alpha_2}\left(\frac{\beta_1}{A_1}\right)$$

根据胡克定律，上述应变所对应的单位长度上的受力和弯矩可以表示为

$$N_{11} = K(\varepsilon_{11}^0 + \mu\varepsilon_{22}^0)$$

$$N_{22} = K(\varepsilon_{22}^0 + \mu\varepsilon_{11}^0)$$

$$N_{12} = \frac{K(1-\mu)}{2}\varepsilon_{12}^0$$

$$M_{11} = D(k_{11} + \mu k_{22})$$

$$M_{22} = D(k_{22} + \mu k_{11})$$

$$M_{12} = D(1-\mu)k_{12} \qquad (2-38)$$

其中

$$K = \frac{Eh}{1-\mu^2}$$

$$D = \frac{Eh^3}{12(1-\mu^2)}$$

式中　K ——薄膜刚度；

　　　D ——弯曲刚度；

　　　E ——材料的弹性模量；

　　　h ——薄壳的壁厚；

　　　μ ——材料的泊松比。

则该薄膜的应力可以表示为

$$\sigma_{11} = \frac{N_{11}}{h} + \frac{12M_{11}}{h^3}\alpha_3$$

$$\sigma_{22} = \frac{N_{22}}{h} + \frac{12M_{22}}{h^3}\alpha_3 \qquad (2-39)$$

$$\sigma_{12} = \frac{N_{12}}{h} + \frac{12M_{12}}{h^3}\alpha_3$$

令 q_1，q_2，q_3 和 Q_{23}，Q_{13}，Q_{12} 分别表示拉压外力和剪切外力在 e_{α_1}，e_{α_2}，e_{α_3} 上的分量，则根据哈密尔顿原则，物体的势能变化量 ΔU 等于动能变化量 ΔK 和外界负载输入的功 W 之和。即

$$\int (\Delta U - \Delta K - W)\, \mathrm{d}t = 0 \tag{2-40}$$

其中

$$\Delta U = \frac{1}{2}(\sigma_{11}\varepsilon_{11} + \sigma_{22}\varepsilon_{22} + \sigma_{12}\varepsilon_{12})A_1 A_2\left(1+\frac{\alpha_3}{R_1}\right)\left(1+\frac{\alpha_3}{R_2}\right)\mathrm{d}\alpha_1\,\mathrm{d}\alpha_2\,\mathrm{d}\alpha_3$$

$$\Delta K = \frac{1}{2}\rho\,(\dot{u}_1^2 + \dot{v}_1^2 + \dot{w}_1^2) \tag{2-41}$$

$$W = (q_1 u_1 + q_2 v_1 + q_3 w_1)A_1 A_2$$

由应变公式（2-36）和应力公式（2-39），可得到 Love 方程

$$-\frac{\partial(N_{11}A_2)}{\partial\alpha_1} - \frac{\partial(N_{21}A_1)}{\partial\alpha_2} - N_{12}\frac{\partial A_1}{\partial\alpha_2} + N_{22}\frac{\partial A_2}{\partial\alpha_1} - A_1 A_2\frac{Q_{13}}{R_1} + A_1 A_2\rho h\ddot{u}_1 = A_1 A_2 q_1$$

$$-\frac{\partial(N_{12}A_2)}{\partial\alpha_1} - \frac{\partial(N_{22}A_1)}{\partial\alpha_2} - N_{12}\frac{\partial A_2}{\partial\alpha_2} + N_{11}\frac{\partial A_1}{\partial\alpha_2} - A_1 A_2\frac{Q_{23}}{R_2} + A_1 A_2\rho h\ddot{v}_1 = A_1 A_2 q_2$$

$$-\frac{\partial(Q_{13}A_2)}{\partial\alpha_1} - \frac{\partial(Q_{23}A_1)}{\partial\alpha_2} + A_1 A_2\left(\frac{N_{11}}{R_1} + \frac{N_{22}}{R_2}\right) + A_1 A_2\rho h\ddot{w}_1 = A_1 A_2 q_3$$

$$\frac{\partial(M_{11}A_2)}{\partial\alpha_1} + \frac{\partial(M_{21}A_1)}{\partial\alpha_2} + M_{12}\frac{\partial A_1}{\partial\alpha_2} - M_{22}\frac{\partial A_2}{\partial\alpha_1} - A_1 A_2 Q_{13} = 0$$

$$\frac{\partial(M_{12}A_2)}{\partial\alpha_1} + \frac{\partial(M_{22}A_1)}{\partial\alpha_2} + M_{12}\frac{\partial A_2}{\partial\alpha_1} - M_{11}\frac{\partial A_1}{\partial\alpha_2} - A_1 A_2 Q_{23} = 0$$

$$\tag{2-42}$$

（2）半球谐振陀螺动力学模型

对于半球形结构而言，采用极坐标系 n、θ、φ 作为其运动学分析的坐标系。这三个向量两两正交，如图 2-4 所示，满足 Love 方程要求。

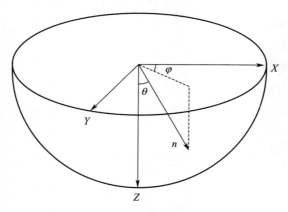

图 2-4　半球形结构的坐标系

取 $\alpha_1 = \theta$，$\alpha_2 = \varphi$，$\alpha_3 = n$，则在该坐标系中，微小的变化距离可以表示为

$$(\mathrm{d}s)^2 = R^2 (\mathrm{d}\theta)^2 + R^2 (\mathrm{d}\varphi)^2 \tag{2-43}$$

此外，φ，θ 沿厚度方向 n 的曲率半径均为 R，故 $\dfrac{1}{R_1} = \dfrac{1}{R_2} = \dfrac{1}{R}$。将上述几个结果代入到式（2-42）中，可得到完整球形结构的振动方程

$$-\frac{\partial N_{\theta\theta}}{\partial \theta} - \frac{\partial N_{\varphi\theta}}{\partial \varphi} - Q_{\theta n} + R\rho h \ddot{u}_\theta = R q_\theta$$

$$\frac{\partial N_{\theta\varphi}}{\partial \theta} - \frac{\partial N_{\varphi\varphi}}{\partial \varphi} - Q_{\varphi n} + R\rho h \ddot{u}_\varphi = R q_\varphi$$

$$-\frac{\partial Q_{\theta n}}{\partial \theta} - \frac{\partial Q_{\varphi n}}{\partial \varphi} + N_{\theta\theta} + N_{\varphi\varphi} + R\rho h \ddot{u}_n = R q_n \tag{2-44}$$

$$\frac{\partial M_{\theta\theta}}{\partial \theta} + \frac{\partial M_{\theta\varphi}}{\partial \varphi} - R Q_{\theta n} = 0$$

$$\frac{\partial M_{\theta\varphi}}{\partial \theta} + \frac{\partial M_{\varphi\varphi}}{\partial \varphi} - R Q_{\varphi n} = 0$$

由于半球谐振结构在 $\theta = 0$ 位置具有固定约束，并仅有 θ 的取值范围为 $\left(-\dfrac{\pi}{2}, \dfrac{\pi}{2}\right)$，因此对上式进行变化，得

$$-\frac{\partial N_{\theta\theta}}{\partial \theta} - \frac{\cos\theta}{\sin\theta}(N_{\theta\theta} - N_{\varphi\varphi}) - \frac{1}{\sin\theta}\frac{\partial N_{\varphi\theta}}{\partial \varphi} - Q_{\theta n} + R\rho h \ddot{u}_\theta = R q_\theta$$

$$-\frac{\partial N_{\theta\varphi}}{\partial \theta} - \frac{\cos\theta}{\sin\theta}(2N_{\theta\varphi}) - \frac{1}{\sin\theta}\frac{\partial N_{\varphi\varphi}}{\partial \varphi} - Q_{\varphi n} + R\rho h \ddot{u}_\varphi = R q_\varphi$$

$$-\frac{\partial Q_{\theta n}}{\partial \theta} - \frac{\cos\theta}{\sin\theta}Q_{\theta n} - \frac{1}{\sin\theta}\frac{\partial Q_{\varphi n}}{\partial \varphi} + N_{\theta\theta} + N_{\varphi\varphi} + R\rho h \ddot{u}_n = R q_n \tag{2-45}$$

$$\frac{\partial M_{\theta\theta}}{\partial \theta} + \frac{\cos\theta}{\sin\theta}(M_{\theta\theta} - M_{\varphi\varphi}) + \frac{1}{\sin\theta}\frac{\partial M_{\theta\varphi}}{\partial \varphi} - R Q_{\theta n} = 0$$

$$\frac{\partial M_{\theta\varphi}}{\partial \theta} + \frac{\cos\theta}{\sin\theta}(2M_{\theta\varphi}) + \frac{1}{\sin\theta}\frac{\partial M_{\varphi\varphi}}{\partial \varphi} - R Q_{\varphi n} = 0$$

对半球谐振结构的分析，通常只关心其谐振子边缘的振动情况，即 $\theta = \dfrac{\pi}{2}$，则上式可以化简为半球谐振子边缘处的谐振方程

$$-\frac{\partial N_{\theta\theta}}{\partial \theta} - \frac{\partial N_{\varphi\theta}}{\partial \varphi} - Q_{\theta n} + R\rho h \ddot{u}_\theta = R q_\theta$$

$$-\frac{\partial N_{\theta\varphi}}{\partial \theta} - \frac{\partial N_{\varphi\varphi}}{\partial \varphi} - Q_{\varphi n} + R\rho h \ddot{u}_\varphi = R q_\varphi$$

$$-\frac{\partial Q_{\theta n}}{\partial \theta} - \frac{\partial Q_{\varphi n}}{\partial \varphi} + N_{\theta\theta} + N_{\varphi\varphi} + R\rho h \ddot{u}_n = R q_n \tag{2-46}$$

$$\frac{\partial M_{\theta\theta}}{\partial \theta} + \frac{\partial M_{\theta\varphi}}{\partial \varphi} - R Q_{\theta n} = 0$$

$$\frac{\partial M_{\theta\varphi}}{\partial \theta} + \frac{\partial M_{\varphi\varphi}}{\partial \varphi} - R Q_{\varphi n} = 0$$

　　考虑谐振子处于自由谐振状态，即无外界输入情况下，$q_\varphi = q_\theta = q_n = 0$。利用式（2 - 38），并将其代入到式（2 - 46）中消去 Q 项，可以得到半球结构的谐振方程

$$-\left(K + \frac{D}{R^2}\right)\frac{\partial^2 u_\theta}{\partial \theta^2} - \left(K_1 + \frac{D_1}{R^2}\right)\frac{\partial^2 u_\theta}{\partial \varphi^2} - \left(\mu K + K_1 + \frac{\mu D + D_1}{R^2}\right)\frac{\partial^2 u_\varphi}{\partial \theta \partial \varphi}$$

$$- K(1 + \mu)\frac{\partial u_n}{\partial \theta} + \frac{\partial}{\partial \theta}\left(\frac{\partial^2 u_n}{\partial \theta^2} + \frac{\partial^2 u_n}{\partial \varphi^2}\right)\frac{D}{R^2} + \rho R^2 h \ddot{u}_\theta = 0$$

$$-\left(K + \frac{D}{R^2}\right)\frac{\partial^2 u_\varphi}{\partial \varphi^2} - \left(K_1 + \frac{D_1}{R^2}\right)\frac{\partial^2 u_\varphi}{\partial \theta^2} - \left(\mu K + K_1 + \frac{\mu D + D_1}{R^2}\right)\frac{\partial^2 u_\theta}{\partial \theta \partial \varphi}$$

$$- K(1 + \mu)\frac{\partial u_n}{\partial \varphi} + \frac{\partial}{\partial \varphi}\left(\frac{\partial^2 u_n}{\partial \theta^2} + \frac{\partial^2 u_n}{\partial \varphi^2}\right)\frac{D}{R^2} + \rho R^2 h \ddot{u}_\varphi = 0$$

$$- K(1 + \mu)\frac{\partial u_\theta}{\partial \theta} + \frac{D}{R^2}\frac{\partial}{\partial \theta}\left(\frac{\partial^2 u_\theta}{\partial \theta^2} + \frac{\partial^2 u_\theta}{\partial \varphi^2}\right) - K(1 + \mu)\frac{\partial u_\varphi}{\partial \varphi} + \frac{D}{R^2}\frac{\partial}{\partial \varphi}\left(\frac{\partial^2 u_\varphi}{\partial \theta^2} + \frac{\partial^2 u_\varphi}{\partial \varphi^2}\right)$$

$$- 2K(1 + \mu)u_n - \frac{D}{R^2}\left(\frac{\partial^4 u_n}{\partial \theta^4} + 2\frac{\partial^4 u_n}{\partial \theta^2 \partial \varphi^2} + \frac{\partial^4 u_n}{\partial \varphi^4}\right) - \rho R^2 h \ddot{u}_n = 0$$

$$(2 - 47)$$

其中

$$K = \frac{Eh}{1 - \mu^2}$$

$$D = \frac{Eh^3}{12(1 - \mu^2)}$$

$$K_1 = \frac{1 - \mu}{2}K$$

$$D_1 = \frac{1 - \mu}{2}D$$

式中　ρ ——材料的密度；

　　　　h ——薄壳的壁厚；

　　　　R ——非形变状态的球壳中间表面的半径；

　　　　E ——材料的弹性模量；

　　　　μ ——材料的泊松比；

　　　　K ——薄膜刚度；

　　　　D ——弯曲刚度。

　　上式可以近似认为是一个半径为 R 的环形谐振子的谐振方程，且重点是其径向振动，即厚度方向的振动。

　　将陀螺谐振子各点按照不可拉伸薄壳的固有振型展开，即

$$u = u_\theta = U(\theta)[x(t)\cos 2\varphi + y(t)\sin 2\varphi]$$

$$v = u_\varphi = V(\theta)[x(t)\sin 2\varphi - y(t)\cos 2\varphi]$$

$$w = u_n = W(\theta)[x(t)\cos 2\varphi + y(t)\sin 2\varphi] \qquad (2 - 48)$$

其中，$U(\theta)$、$V(\theta)$、$W(\theta)$ 为瑞利函数，即

$$U(\theta) = V(\theta) = \sin\theta \, \tan^2\frac{\theta}{2}, W(\theta) = -(2+\cos\theta) \, \tan^2\frac{\theta}{2}$$

将式 (2-48) 代入方程 (2-47)，在组成函数 $x(t)$ 和 $y(t)$ 的微分方程时，使用布勃诺夫-加廖尔金法，得到描述理想半球谐振子二阶固有振型的动力学方程如下

$$\begin{cases} m_0\ddot{x} - 2\Omega b\dot{y} + k_0 x = 0 \\ m_0\ddot{y} + 2\Omega b\dot{x} + k_0 y = 0 \end{cases} \tag{2-49}$$

其中

$$m_0 = R^2\rho h \int_0^{\pi/2} (U^2 + V^2 + W^2) \sin\theta \, \mathrm{d}\theta$$

$$b = 2R^2\rho h \int_0^{\pi/2} (U\cos\theta + W\sin\theta) V \sin\theta \, \mathrm{d}\theta$$

$$k_0 = \frac{12Eh^3}{(1+\mu)R^2} \int_0^{\pi/2} \frac{\tan^4\dfrac{\theta}{2}}{\sin^3\theta} \mathrm{d}\theta$$

此时谐振子振动频率为

$$\omega_0 = \frac{1.52h}{R^2} \sqrt{\frac{E}{\rho(1+\mu)}} \tag{2-50}$$

进动因子

$$K = \frac{\displaystyle\int_0^{\pi/2} (U\cos\theta + W\sin\theta) V \sin\theta \, \mathrm{d}\theta}{\displaystyle\int_0^{\pi/2} (U^2 + V^2 + W^2) \sin\theta \, \mathrm{d}\theta} \approx 0.277 \tag{2-51}$$

进一步化简后，谐振子的动力学模型可表示为

$$\begin{cases} \ddot{x} - 4K\Omega\dot{y} + \omega_0^2 x = 0 \\ \ddot{y} + 4K\Omega\dot{x} + \omega_0^2 y = 0 \end{cases}$$

谐振子的振动表示为

$$x = A_0\sin\omega_0 t$$
$$y = B_0\sin\omega_0 t \tag{2-52}$$

记谐振子振动的驻波方位角为 ϑ，此时有

$$\vartheta = \frac{1}{2}\arctan\frac{B_0}{A_0} \tag{2-53}$$

2.2　半球谐振子结构设计

建立半球谐振陀螺动力学模型时均采用理想的球壳模型，考虑到半球谐振子的加工、夹持和装配等因素，实际半球谐振子的结构如图 2-5 所示。其中 R 为谐振子的中面半径，h 为谐振子厚度，d 为支撑杆直径，L_1 为支撑杆伸出内球面外的长度，L_2 为支撑杆总长度，L_3 为装配时谐振子的约束长度。

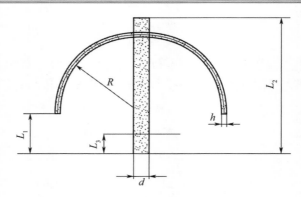

图 2-5　半球谐振子结构示意图

半球谐振子的实体示意图如图 2-6 所示。

图 2-6　半球谐振子实体示意图

半球谐振子采用熔融石英材料制造而成，具有高 Q 值、各向同性的特点。石英材料的典型物理参数见表 2-1。

表 2-1　石英材料物理参数

参数	杨氏模量 E /Mpa	密度 ρ /(kg/m³)	泊松比 μ
典型值	76 700	2 500	0.17

2.2.1　半球谐振子振动模态分析

典型结构谐振子的物理、几何参数设计值见表 2-2。

表 2-2　谐振子结构参数

参数	R	d	h	L_1	L_2	L_3
典型值/m	1.5×10^{-2}	6×10^{-3}	1×10^{-3}	8×10^{-3}	2.7×10^{-2}	8×10^{-3}

在对谐振子进行有限元建模时，采用不同的网格划分以及计算方法，所得到的计算结果精度有所不同，下面利用有限元分析软件对谐振子进行模态分析。谐振子有限元模型如图 2-7 所示。

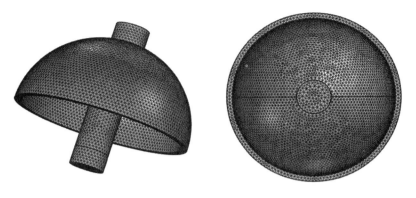

图 2 - 7　谐振子有限元模型

令 m 为谐振子各阶模态的阶数，用 n 表示谐振子环向振型的波节点数。取前 8 阶振型进行研究，各阶振型和谐振频率如图 2 - 8 和表 2 - 3 所示。

表 2 - 3　谐振子不同模态的谐振频率

m 阶振型	1	2	3	4	5	6	7	8
谐振频率	3 199.3	3 211.7	3 515	4 984.6	4 985.7	6 191.3	6 204.3	12 680

对图 2 - 8 和表 2 - 3 进行分析，可以得到以下结论：

1）$m = 1$、2 阶振型是半球壳的二波腹振动，波节点数 $n = 1$，振动方向互成 $90°$，为谐振子的最低阶振动。$m = 3$ 阶振型是半球壳绕支撑杆旋转。$m = 4$、5 阶振型是半球壳产生的四波腹（$n = 2$）振动，两阶四波腹振型的相角相差 $45°$，为谐振子的工作模态。$m = 6$、7 阶振型是半球壳和支撑杆同时发生二波腹振动。$m = 8$ 阶振型是半球壳的六波腹振动。

2）半球壳的倾斜、旋转以及支撑杆的变形和振动都对陀螺正常工作极其有害，应该尽量避免其发生。

3）$m = 4$、5 阶振型是陀螺正常工作所需要的四波腹振型，其谐振频率远离相邻振型的谐振频率，不会影响陀螺的正常工作。

2.2.2　结构参数对半球谐振子振动模态的影响分析

谐振子的各阶模态与谐振子的结构参数有着密切的关系，为获得高振动性能的半球谐振子，应通过结构参数设计，使谐振子工作频率工作在合适的区间，且在工作时尽量避免引入其他有害模态。因此需要分析谐振子的振动模态与谐振子结构参数之间的关系。具体结构参数包括：半球壳的中面半径 R，球壳壁厚 h，支撑杆直径 d 以及固定约束长度 L_3。通过改变结构参数，研究结构参数对谐振子的影响特性。

（1）半球壳半径与谐振频率的关系

半球壳半径初始设计值为 $R = 15$ mm。在表 2 - 2 的基础上，其他参数不变，当半球壳中面半径发生变化，谐振子（$m = 1 \sim 8$）共 8 阶振型的谐振频率见表 2 - 4。

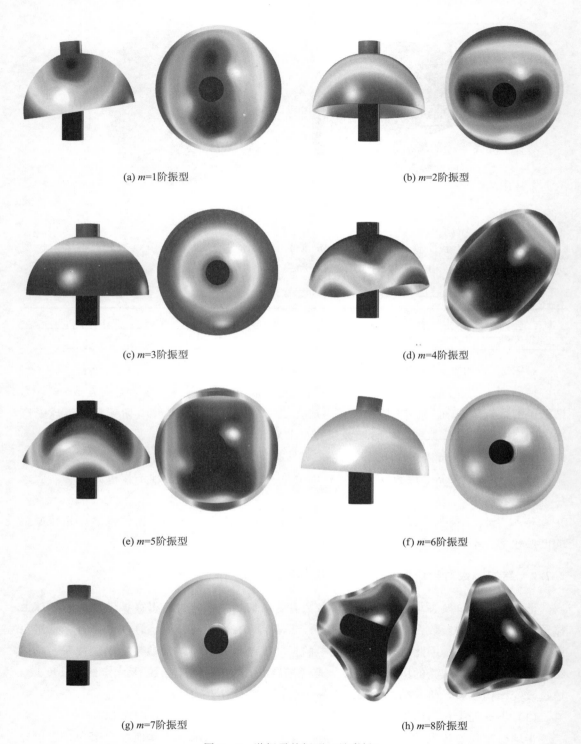

(a) $m=1$阶振型

(b) $m=2$阶振型

(c) $m=3$阶振型

(d) $m=4$阶振型

(e) $m=5$阶振型

(f) $m=6$阶振型

(g) $m=7$阶振型

(h) $m=8$阶振型

图 2-8　谐振子的振型（见彩插）

表 2 - 4　半球壳（中面）半径与谐振频率的关系

壳半径/mm	m = 1	m = 2	m = 3	m = 4	m = 5	m = 6	m = 7	m = 8
14.9	3 256.2	3 269	3 573.5	5 051.6	5 052.4	6 273.7	6 285.8	12 841
15.0	3 199.3	3 211.7	3 515	4 984.6	4 985.7	6 191.3	6 204.3	12 680
15.1	3 155.6	3 163.6	3 458.8	4 921.1	4 921.3	6 120.8	6 132.7	12 521

随着半球壳半径的增加，谐振子各阶振型的谐振频率下降，与理论公式结论一致。其中，$m=4$，5（环向波数 $n=2$）阶振型的谐振频率远离相邻振型的谐振频率，陀螺的正常工作不受影响。

（2）半球壳壁厚与谐振频率的关系

半球壳壁厚初始设计值为 $h=1$ mm。在表 2 - 2 的基础上，当半球壳壁厚发生变化，其他参数不变时，谐振子（$m=1\sim8$）共 8 阶振型的谐振频率见表 2 - 5。

表 2 - 5　半球壳壁厚与谐振频率的关系

壳壁厚/mm	m = 1	m = 2	m = 3	m = 4	m = 5	m = 6	m = 7	m = 8
0.8	3 116.8	3 126.9	3 884.1	4 059.8	4 059.8	6 587	6 595.7	10 398
0.9	3169.4	3 179.9	3 685.6	4 525.5	4 526.2	6 375.3	6 384.8	11 551
1	3 199.3	3 211.7	3 515	4 984.6	4 985.7	6 191.3	6 204.3	12 680
1.1	3 226.4	3 231	3 367.4	5 439.4	5 440.5	6 049.1	6 055.5	13 789
1.2	3 228.6	3 236.6	3 238.3	5 886.8	5 888.2	5 916.4	5 928.7	14 876

随着半球壳壁厚的增加，谐振子 $m=4$，5（环向波数 $n=2$）阶振型的谐振频率明显增加，$m=6$，7 阶振型的谐振频率明显下降。环向波数 $n=2$ 阶振型的谐振频率远离相邻振型的谐振频率，陀螺的正常工作不受影响。

（3）支撑杆半径与谐振频率的关系

在表 2 - 2 的基础上，当支撑杆半径变化，其他参数不变时，谐振子（$m=1\sim8$）共 8 阶振型的谐振频率见表 2 - 6。支撑杆和半球壳半径的比值决定了底端角 φ_0 的大小。

表 2 - 6　支撑杆半径与谐振频率的关系

杆直径/mm	m = 1	m = 2	m = 3	m = 4	m = 5	m = 6	m = 7	m = 8
4	1 597.4	1 782	1 785.1	3 334.2	3 336	4 927.7	4 928.7	11 115
5	2 470.3	2 477.2	2 485.1	4 686.7	4 693.8	4 949.4	4 950.2	12 679
6	3 199.3	3 211.7	3 515	4 984.6	4 985.7	6 191.3	6 204.3	12 680
7	3 965.6	3 984.6	4 720.9	5 038.9	5 040.3	7 807.1	7 817.5	12 682
8	4 787.4	4 801	5 118.2	5 118.4	6 073.4	9 479.4	9 488.9	12 684

1）随着支撑杆半径的增加，谐振子的等效质量减少，因此谐振子的模态频率普遍增加；

2）随着支撑杆半径的增加，四波腹模态的阶数发生了变化，这是由于半径的增加使得整个谐振子的摇摆、旋转等刚度发生了明显变化，但对弹性模态则较小，因此四波腹模态逐渐向低阶移动，而其他摇摆或旋转模态逐渐向高阶移动。

为使陀螺正常工作，应尽可能错开四波腹模态与其他阶模态。

（4）支撑杆底端约束长度与谐振频率的关系

在表 2-2 的基础上，当约束长度变化，其他参数不变时，谐振子 $m = 1 \sim 8$ 共 8 阶振型的谐振频率见表 2-7。

表 2-7　支撑杆底端约束长度与谐振频率的关系

杆长度/mm ＼ 振型	$m = 1$	$m = 2$	$m = 3$	$m = 4$	$m = 5$	$m = 6$	$m = 7$	$m = 8$
4	3 132.4	3 143	3 144.6	4 427.9	4 436.5	4 984.7	4 986.1	12 680
6	3 171.1	3 183.9	3 313.8	4 985	4 986.2	5 192.3	5 202.3	12 680
8	3 199.3	3 211.7	3 515	4 984.6	4 985.7	6 191.3	6 204.3	12 680
10	3 233.1	3 250.2	3 758	4 982.4	4 983.1	7 534.7	7 543.8	12 672
12	3 270.5	3 289.6	4 059.1	4 983.4	4 984.5	9 373.7	9 391.2	12 676

随着约束长度的增加，谐振子 $m = 4$，5（环向波数 $n = 2$）阶振型的谐振频率基本不变，但其余阶次振型的谐振频率均在明显增加，这说明约束长度的增加有助于提升谐振子的刚度。

2.3　半球谐振陀螺误差理论

在考虑阻尼项后，理想条件下谐振子的运动方程可表示为

$$\begin{cases} \ddot{x} - 4K\Omega\dot{y} + \dfrac{2}{\tau}\dot{x} + \omega^2 x = 0 \\[2mm] \ddot{y} + 4K\Omega\dot{x} + \dfrac{2}{\tau}\dot{y} + \omega^2 y = 0 \end{cases} \qquad (2-54)$$

式中　τ ——谐振子的振动衰减常数。

但由于谐振子振型存在频率裂解、阻尼不均匀、质量不平衡等因素，方程（2-54）不足以完全表示出谐振子的振动状态。造成半球谐振陀螺误差的主要原因是陀螺的工艺缺陷，包括谐振子的半径、厚度、密度、膜层特性以及装配间隙等。工艺缺陷主要引起半球谐振子和电极的参数出现偏差，从而影响陀螺的精度。

2.3.1　半球谐振子加工误差分析

在半球谐振子加工过程中会引入一系列不理想因素，主要包括谐振子的厚度和半径。在谐振子加工过程中，砂轮的磨损及加工机床轴系的回转误差等均会导致谐振子厚度和半径的不均匀。对厚度和半径分别在赤道角 φ 上进行傅里叶展开，有

$$h(\varphi) = h_0 + \sum h_n \cos n(\varphi - \varphi_{nh}) \tag{2-55}$$

$$R(\varphi) = R_0 + \sum R_n \cos n(\varphi - \varphi_{nR})$$

式中　h_0，R_0——分别表示厚度和半径的平均值；

　　　h_n，R_n——分别表示厚度和半径不均匀的第 n 次谐波；

　　　φ_{nh}，φ_{nR}——其第 n 次方位角。

不考虑阻尼项，以及谐振子存在厚度和半径环向分布不均匀的情况下，谐振子的动力学方程为

$$m_0 \left(1 + \frac{I_1}{I_0} \varepsilon_{h4} \cos 4\varphi_{4h}\right) \ddot{x} + m_0 \frac{I_1}{I_0} \varepsilon_{h4} \sin 4\varphi_{4h} \ddot{y} - 2\Omega b \dot{y}$$
$$+ (I_0 + 3I_1 \varepsilon_{h4} \cos 4\varphi_{4h} - 4I_1 \varepsilon_{R4} \cos 4\varphi_{4R}) k_0 x \tag{2-56}$$
$$+ (3I_1 \varepsilon_{h4} \sin 4\varphi_{4h} - 4I_1 \varepsilon_{R4} \sin 4\varphi_{4R}) k_0 y = 0$$

$$m_0 \left(1 - \frac{I_1}{I_0} \varepsilon_{h4} \cos 4\varphi_{4h}\right) \ddot{y} + m_0 \frac{I_1}{I_0} \varepsilon_{h4} \sin 4\varphi_{4h} \ddot{x} + 2\Omega b \dot{x}$$
$$+ (I_0 - 3I_1 \varepsilon_{h4} \cos 4\varphi_{4h} + 4I_1 \varepsilon_{R4} \cos 4\varphi_{4R}) k_0 y \tag{2-57}$$
$$+ (3I_1 \varepsilon_{h4} \sin 4\varphi_{4h} - 4I_1 \varepsilon_{R4} \sin 4\varphi_{4R}) k_0 x = 0$$

其中

$$I_0 = \int_0^{\pi/2} (U^2 + V^2 + W^2) \sin\theta \, \mathrm{d}\theta$$

$$I_1 = \int_0^{\pi/2} (U^2 - V^2 + W^2) \sin\theta \, \mathrm{d}\theta$$

$$\varepsilon_{h4} = \frac{h_4}{h_0}$$

$$\varepsilon_{R4} = \frac{R_4}{R_0}$$

由厚度不均匀引发的陀螺误差机制包括两方面：一方面，厚度在赤道角度上分布的不均匀引起了质量分布的不均匀；另一方面引起了刚度分布的不均匀；两者均会引入频率裂解。受谐振子瑞利函数调制的原因，接近赤道附近的厚度不均匀主要通过质量项引起频率裂解，接近支撑杆方向上的厚度不均匀主要通过刚度项引起频率裂解，因此由厚度引起的陀螺误差为

$$\frac{\mathrm{d}\vartheta}{\mathrm{d}t} = -0.17\varepsilon_{h4}\omega_0 \frac{q}{a} \cos 4(\vartheta - \varphi_{4h}) + 0.75\varepsilon_{h4}\omega_0 \frac{q}{a} \cos 4(\vartheta - \varphi_{4h}) \tag{2-58}$$

$$= 0.58\varepsilon_{h4}\omega_0 \frac{q}{a} \cos 4(\vartheta - \varphi_{4h})$$

式中　a ——振动幅值；

　　　q ——振动中正交分量的幅值。

由半径不均匀引发的陀螺误差机制同样包含两方面：一方面引起陀螺的刚度分布不均匀，另一方面则引起谐振子与电极之间的间隙不均匀。由半径不均匀引起刚度分布不均匀而导致陀螺误差与厚度一样，即

$$\frac{\mathrm{d}\vartheta}{\mathrm{d}t} = 0.75\varepsilon_{R4}\omega_0\frac{q}{a}\cos4(\vartheta - \varphi_{4R}) \tag{2-59}$$

当半径不均匀引起间隙不均匀时，该误差机制与装配引入的误差表现相同，具体分析见 2.3.4 节。

2.3.2　半球谐振子质量不均匀误差分析

若谐振子结构尺寸为理想半球形状，谐振子密度不均匀会引起质量分布不均匀，从而引入陀螺误差项。由于谐振子在经线上的密度分布最后均会成为等效质量，因此可以认为在经线上质量分布均匀，设半球谐振陀螺的密度分布不均匀为

$$\rho(\varphi) = \rho_0 + \sum\rho_n\cos n(\varphi - \varphi_{n\rho}) \tag{2-60}$$

谐振子的动力学方程变为

$$m_0\left(1 + \frac{I_1}{I_0}\varepsilon_{\rho4}\cos4\varphi_{4\rho}\right)\ddot{x} + m_0\frac{I_1}{I_0}\varepsilon_{\rho4}\sin4\varphi_{4\rho}\ddot{y} - 2\Omega b\dot{y} + k_0x = 0$$
$$m_0\left(1 - \frac{I_1}{I_0}\varepsilon_{\rho4}\cos4\varphi_{4\rho}\right)\ddot{y} + m_0\frac{I_1}{I_0}\varepsilon_{\rho4}\sin4\varphi_{4\rho}\ddot{x} + 2\Omega b\dot{x} + k_0y = 0 \tag{2-61}$$

其中

$$\varepsilon_{\rho4} = \frac{\rho_4}{\rho_0}$$

可以看出，当谐振子存在密度不均匀的第 4 次谐波时，谐振子的两个振动模态出现等效质量的微小差异和振动的相互耦合。此时就会引起频率裂解和正交误差。因此必须对谐振子进行质量修调，消除由密度分布不均匀引起的频率裂解，提高陀螺的测量精度。频率裂解与第 4 次谐波之间的关系式为

$$\Delta\omega = 0.35\omega_0\varepsilon_{\rho4} \tag{2-62}$$

由谐振子频差引起的陀螺测量误差为

$$\frac{\mathrm{d}\vartheta}{\mathrm{d}t} = 0.5\Delta\omega\frac{q}{a}\cos4(\vartheta - \varphi_{4\rho}) \tag{2-63}$$

谐振子质量不均匀的其他谐波也会引起陀螺的测量误差。其中 1～3 次谐波会影响陀螺在振动环境下的测量性能，而 5 次及以上谐波在振动环境下会引起高阶振动模态，但通常认为是小量且可以忽略，因此考虑误差时主要考察 1～3 次谐波。

若谐振子存在 2 次谐波，则当陀螺基座存在敏感轴方向上的振动，且该振动频率与陀螺工作频率一致时，谐振子相当于受到了沿着 $\varphi_{2\rho}$ 方位上的位置激励，该激励力的大小与谐振子质量不均匀的二次谐波密度幅值成正比，因此驻波将绑定至 $\varphi_{2\rho}$ 方位。

若谐振子存在 1 次或 3 次谐波，则陀螺基座存在垂直于敏感轴方向上的振动，且该振动频率与陀螺工作频率一致时，谐振子相当于受到了沿着 $\varphi_{1\rho}$ 或 $\varphi_{3\rho}$ 方位上的位置激励，该激励力的大小与谐振子质量不均匀的 1 次或 3 次谐波幅值成正比，因此驻波将绑定至 $\varphi_{1\rho}$ 或 $\varphi_{3\rho}$ 方位。

综上所述，第 4 次谐波引入频差，1～3 次谐波会影响陀螺在振动环境下的测量性能。因此为降低陀螺频差，并提高谐振子的抗振性能，必须要对谐振子质量不均匀的 1～4 次谐波进行平衡。

2.3.3　半球谐振子膜层引入的误差分析

典型半球谐振陀螺谐振子的电路如图 2-9 所示。

为提高驱动和检测效率，通常在半球谐振子的内外表面覆盖有金属膜层。谐振子唇沿位置无金属膜层，起到绝缘作用。该电路共分三个部分。

1）测量电路。该电路包含测量电极 1（4 对内部电极，间隔为 45°），它们与内球面金属覆盖层形成电容，接入具有高输入电阻 R 的检测放大器。谐振子内球面接入直流偏置电压 U_1。

2）控制电路。该电路包括控制电极 2（16 个外部电极，每 4 个连成一组），由输出电阻为 R_i 的外置放电向控制电极 2 提供控制电压 U_2。

3）激励电路。该电路包括环形电极 3 和输出电阻为 R_G 的外部矩形脉冲发生器 U_3。

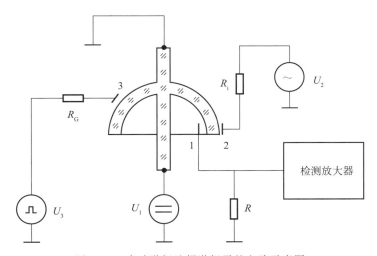

图 2-9　半球谐振陀螺谐振子的电路示意图

从电学角度考虑谐振子覆盖层对陀螺性能的影响。从导通特性考虑，半球谐振陀螺的性能指标与金属覆盖层电阻 r 的依赖关系很小，若 $U_2 = 100\ \text{V}$ 和 $r = 1\ \text{k}\Omega$ 时，驻波速率漂移约为 10^{-10}（°）/h。从屏蔽特性考虑，金属膜层起着屏蔽作用，阻碍控制电极信号通过放大器，控制信号通过放大器的传递系数与覆盖层电阻的平方成正比。综合考虑，导电层的电阻只需要不超过几 $\text{k}\Omega$ 就足够了。

从振动角度考虑，金属膜层的喷镀会使谐振子的 Q 值及频率裂解受到影响。通常镀膜后谐振子 Q 值会剧烈下降，导致这种现象的原因有两个：其一是由于金属层中存在着内摩擦，导致能量耗散。其二是由于喷镀金属厚度的不均匀引起了谐振子的质量不平衡以及支架中振动能量的耗散。设金属膜层仅存在 1 次谐波厚度不均匀，即

$$d_M(\varphi) = d_{M_0} + d_{M_1} \cos\varphi \qquad (2-64)$$

则膜层厚度不均匀引起的能量耗散为

$$Q_{\mathrm{add}}^{-1} = \frac{27 M_1^2 \pi}{8 M \rho h R^2 Q_{\mathrm{sup}} (60\ln 2 - 37)} \qquad (2-65)$$

式中　　Q_{sup}——基座的品质因数；

　　　　ρ——石英材料密度；

　　　　h——谐振子厚度；

　　　　R——谐振子半径；

　　　　M——谐振子球壳质量；

　　　　M_1——金属膜层质量（不均匀为 1 次的谐波）。

另外，由于金属膜层厚度不均匀将引入频率裂解，设金属膜层仅存在 4 次谐波厚度不均匀，即

$$d_M(\varphi) = d_{M_0} + d_{M_4} \cos 4\varphi \qquad (2-66)$$

则引入的频差为

$$\Delta\omega_m = \frac{d_{M_4} \omega \rho_m}{h \rho} \qquad (2-67)$$

式中　　ρ_m——金属膜层的平均密度。

2.3.4　半球谐振陀螺装配引入的误差分析

半球谐振陀螺需要对谐振子与基座进行微小间隙装配，从而形成电容，实现对谐振子的驱动和检测。因此装配间隙的均匀性对陀螺性能起着至关重要的作用。以下分别从激励电极和检测电极两方面对装配引入的误差进行分析。

（1）由激励电极间隙不均匀性引入的误差

考虑激励电极后，谐振子的动力学方程变为

$$\begin{cases} m_0 \ddot{x} - 2\Omega b \dot{y} + k_0 x = \dfrac{C_0}{2 d_0^3} \displaystyle\sum_{i=1}^{N} U_i^2 (d_0 + d_{4E} \cos 4\varphi_{E4} + x \cos 2\theta_i + y \sin 2\theta_i)^2 \cos 2\theta_i \\[3mm] m_0 \ddot{y} + 2\Omega b \dot{x} + k_0 y = \dfrac{C_0}{2 d_0^3} \displaystyle\sum_{i=1}^{N} U_i^2 (d_0 - d_{4E} \cos 4\varphi_{E4} + x \cos 2\theta_i + y \sin 2\theta_i)^2 \sin 2\theta_i \end{cases}$$

$$(2-68)$$

式中　　C_0——单个激励电极与谐振子构成的电容；

　　　　d_0——间隙的平均值；

　　　　N——控制电极个数，可取 $N = 16$；

θ_i ——第 i 个电极的方位角，可取 $\theta_i = \dfrac{2\pi i}{N}$ ；

U_i ——加在第 i 个电极上的电压；

d_{4E} ——间隙不均匀的第四次谐波；

φ_{E4} ——四次谐波方位角。

对上式进行求和，可以得到，控制电极对 x 模态的作用效果为

$$F_x = \frac{8C_0 U}{d_0^2}\left(1 + \frac{d_{4E}}{2d_0}\right)x \qquad (2-69)$$

同样

$$F_y = \frac{8C_0 U}{d_0^2}\left(1 - \frac{d_{4E}}{2d_0}\right)y \qquad (2-70)$$

因此控制作用相当于引起了 x 模态和 y 模态之间的频率裂解，从而导致了陀螺的测量误差。此时测量误差为

$$\frac{\mathrm{d}\vartheta}{\mathrm{d}t} = \frac{2C_0 V d_{4E}}{m\omega_0 d_0^3}\frac{q}{a}\cos4(\vartheta - \varphi_{4E}) \qquad (2-71)$$

（2）由检测电极间隙不均匀性引入的误差

设传感器 P_2 极板的初始间距变为 d_1，其余传感器极板的初始间距为 d_0。

电容传感器 P_1 和 P_2 的输出信号可以表示为

$$E_{p1} = K_c \frac{A_0}{d_0}\sin\omega_0 t$$

$$E_{p2} = K_c \frac{B_0}{d_1}\sin\omega_0 t \qquad (2-72)$$

式中　　K_c ——振动信号向电学信号的转换系数。

计算得到的振型方位角 ϑ_1 与实际驻波方位角 ϑ 的关系表达式为

$$\tan2\vartheta_1 = \left(1 + \frac{\Delta d}{d_0}\right)\tan2\vartheta \qquad (2-73)$$

其中

$$\Delta d = d_1 - d_0$$

因此，若存在检测电极不均匀，则该误差使得测量得到的角度和实际角度之间为非线性关系，从而引入了陀螺测量误差。

2.4　半球谐振陀螺制作过程的关键工艺

半球谐振陀螺结构简单，主要由半球谐振子、激励罩、读出基座三部分组成，其制造工艺精度要求极高、工艺流程非常复杂，工艺流程如图 2-10 所示，主要包括石英超精密加工、石英零件表面金属化、电极刻划成型、谐振子去重调平、陀螺精密装配、陀螺真空封装等工艺。

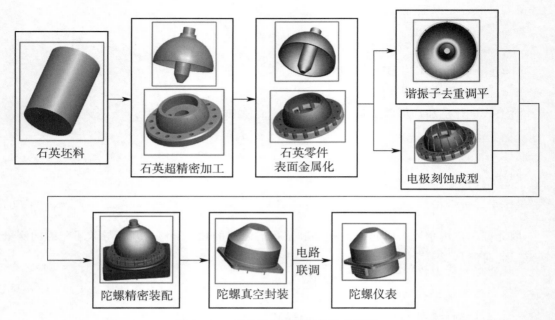

图 2 - 10　半球谐振陀螺制作工艺流程

2.4.1　石英超精密加工

半球谐振陀螺核心部件是半球谐振子、激励罩和读出基座（在小型化的设计中，将二者合二为一），一般采用物理化学性质稳定、高 Q 值熔融石英材料加工而成。熔融石英材料属于硬脆材料，极不容易加工，尤其是石英谐振子半球壳壁非常薄，在机械加工过程中极易破裂或产生微裂纹。但高精度半球谐振陀螺，对石英零件的圆度、真球度、同轴度、几何尺寸、表面微观质量缺陷等均提出了极高的要求，可以说半球谐振陀螺石英零件的超精密加工技术是半球谐振陀螺实现性能指标的重要基础保障。

对于半球谐振陀螺而言，半球谐振子等石英零件的制造工艺偏差是陀螺最主要的误差源之一。石英零件超精密制造工艺需要在高效地实现石英材料去除的基础之上，重点关注零件几何特性、振动特性的轴对称性，同时对石英材料特性造成尽可能小的破坏，以减小工艺过程带来的 Q 值下降。

目前，半球谐振陀螺的石英零件超精密加工仍然是基于传统旋转磨削的石英冷加工工艺。主要包括初坯成型、精密研磨、抛光三个步骤。针对半球谐振子高 Q 值的设计要求，谐振子在完成机械抛光后，还必须进行化学处理。

初坯成型是将块料或型料毛坯加工成具有一定几何形状、尺寸精度和表面粗糙度的工序。石英属于硬脆材料，较难加工，其抗拉强度、弹性模量和泊松比都较淬火钢低很多，但其抗压强度却很高，硬脆材料的主要加工方法是磨削加工，而不是切削加工。在石英零件研磨过程中，为保证加工精度，一般需考虑磨具、磨削用量、冷却液、专用夹具四个方面，金刚石磨具中，金刚石的粒度、浓度、硬度、结合剂及磨具形状，对零件表面质量和磨削效率有着直接影响。金刚石的粒度越细，零件表面光洁度越好，磨削效率越低，因此在选用磨具时，在保证零件光洁度的条件下，尽量选择粒度粗的磨轮加工。一般选用粒度范围在 60♯～180♯。磨削用量是指磨具转速、零件转速、磨削速度和磨削压力。此外，在磨削过程中需要喷射冷却液，冷却液的用量视加工零件的大小而定。磨削过程中专用夹具的设计也非常重要，需要根据石英零件圆度、同轴度等行为误差的要求，设计专用工装和相应的装夹方式。

精密研磨是在初坯加工的基础上，通过逐渐减小金刚石粉或研磨粉的粒度，以减小表面缺陷层和微裂纹层，降低其表面的缺陷，使其结构尺寸、形位误差等接近设计值。精密研磨是零件超精密制造中重要的环节，是石英零件满足精度指标的重要保证。

抛光的作用是将粗糙的玻璃表面转换成光学上的光滑表面，降低其表面粗糙度，消除表面缺陷层，提升谐振子振动力学特征及零件表面质量，为后续表面金属化镀膜作准备。由于抛光时产生高温触点，石英玻璃会局部融化，产生热可塑流动性，通过挤压凸部使之塑性变形填充凹部来抛光表面。在常用的抛光液材料中，二氧化铈具有最大的抛光能力，但硬度却比抛光能力较小的钛、锆、铅氧化物等材料低。在抛光液成分中，当加入抛光介质，会提高抛光效率。抛光介质最重要的功能之一是促进玻璃表面层水解。另外，当有铵成分存在时（铵含量为 2%～10%），氟离子（F^-）将溶于含有二氧化锆的悬浮液中，也会大大提高抛光效率，降低抛光材料的耗费。也可将氯化铵（NH_4Cl）之类的腐蚀性物质加入抛光剂中得到具有光泽的抛光表面，而不使用这种活化剂时，抛光表面将没有光泽。用分光镜分析抛光残液可发现，由于玻璃表面的水热反应产生了硅酸水合物，在 NH_4Cl 的作用下，促进了硅酸水合物的溶解，从而减少了残液中玻璃的数量。这些活化剂在抛光过程的作用是玻璃表面发生的众多作用中的一种，是一种水热反应，促进了对玻璃表面层的水解作用。

在机械抛光后，石英半球谐振子还必须进行化学处理。因为石英零件在机械抛光后，谐振子的破坏深度超过了缺陷层的厚度，此外，谐振子表面微裂纹中填充了大量机械研磨过程中产生的杂质，石英零件表面的损伤层及杂质会极大程度的影响谐振子的 Q 值，因此必须通过化学处理，去除石英零件表面的破坏层及杂质，从而大幅提升半球谐振子的 Q 值。一般而言，半球谐振子经过合适的化学处理，Q 值可以提升 1～2 个数量级。氢氟酸（HF）水溶液是比较常用的腐蚀剂，但一般不能用纯的氢氟酸水溶液。在实际的化学处理工艺中，一般采用在 HF 水溶液中加入 NH_4F、NH_4HF_2 等化学溶剂，通过优化化学溶液配比，并添加强无机酸去除化学腐蚀过程中未溶解的氟化物和氟硅酸盐等物质。此外，化学处理工艺过程还需要进行温度控制、搅拌等辅助手段，以保证化学腐蚀过程中的均匀性。

2.4.2　表面金属化镀膜

半球谐振子的材料（熔融石英）是一种非晶态绝缘体，其静电激励和检测的效率都是非常低的，必须施加很高的电压才能实现静电激励和检测。因此在半球谐振子陀螺中，需要对石英半球谐振子进行金属化镀膜，提高静电激励和检测的效率，降低陀螺所需供电电压。半球谐振子、激励罩和读出基座都需要进行金属镀膜，以构成激励电容和检测电容的极板。从激励电容和检测电容制作角度而言，石英零件表面的金属膜层需要尽量低的导通电阻，及导通电阻的高度一致性，因而需要膜层厚度尽量厚且均匀。

半球谐振子表面的金属膜层会大幅影响半球谐振子的 Q 值、频率裂解（频差）等关键特性，因此金属镀膜工艺对膜层的厚度及均匀性、内应力及膜层质量提出了较高要求。金属镀膜工序应尽量保持谐振子的前期特性：即高 Q 值和低频差。金属膜层所带来的残余应力将引起谐振子 Q 值急剧下降；膜层的不均匀性则引起振子质量沿轴向的不对称，从而增大频差和损耗。

从振动角度分析，半球谐振子表面金属化镀膜后 Q 值会剧烈下降的原因主要有两个：第一是由于金属层中存在着内摩擦，从而导致了能量耗散。由于在含有高浓度结构缺陷的薄膜中存在着强烈耗散，因此金属层给谐振子带来的内摩擦可能达到 $10^{-5} \sim 10^{-6}$。第二个原因是喷镀金属厚度的不均匀引起了谐振子的质量不平衡以及支架中振动能量的耗散。图 2-11 所示为典型半球谐振子表面不同厚度金属膜层的 Q 值实测数据。图中 1 为谐振子镀膜前的 Q 值，2 为谐振子不同膜厚的 Q 值，因此在工程实际中，需要进行膜层厚度折中优化，选择合适的厚度，能够在实现电容极板导电功能的前提下，尽可能降低膜层厚度，以降低 Q 值的损失。

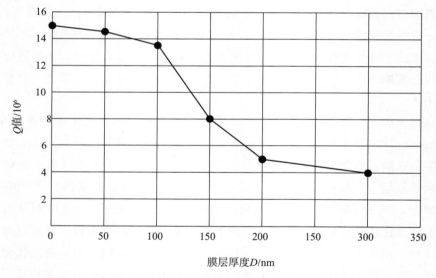

图 2-11　半球谐振子表面膜层厚度与 Q 值的关系图

半球谐振陀螺镀膜工艺技术优化的目的是提高核心部件半球谐振子的 Q 值，减小工作振动时的能量损耗，降低金属膜层带来的 Q 值差，这需要同时保证半球谐振子膜厚均匀性、膜层高附着力和低残余应力。

石英零件表面金属化镀膜工艺主要有真空蒸发镀膜、真空溅射镀膜等方式。真空蒸发工艺是在真空中将制作薄膜的材料加热蒸发，使其淀积在待镀膜工件的表面上。真空溅射镀膜是采用高能粒子（电场加速的正离子）打在靶材表面，使表面的原子、分子获得能量飞溅出来，沉积在待镀膜工件上。针对半球谐振子这种复杂的异形结构，目前普遍采用的是磁控溅射工艺，并通过设计专用的工装，使得零件在镀膜的过程中转动，从而提升膜层的各向均匀性。

石英零件表面金属化膜层材料主要有超薄铬（Cr）膜、金膜（Au）、铬/金（Cr/Au）膜、金掺杂二元复合膜等。在精密加工后光滑的振子表面数百埃量级的铬膜也具有可接受的阻值，同时由于其非常薄，引起的附加内摩擦力也很小，可较好保留时间常数，其主要缺点是膜层太薄、膜层表面粗糙度大、膜层极易氧化等。在常温下大气会吸附大量的水气，会增大谐振子的膜层能耗。金在石英材料上的附着力不好，但化学性质稳定。铬/金膜层是在谐振子表面先镀一层薄薄的铬层，然后在其上面镀金层，可解决金膜层附着力不好的问题，同时又可有效防止铬层氧化和膜层表面水分子的吸附，该方案的缺点是铬和金的互溶性较好，界面易出现扩散现象，长时间内膜层结构会发生变化，因而会造成陀螺器件性能产生不确定性的变化，影响陀螺长期稳定性。金掺杂的二元复合膜层是在金靶材中有选择地掺杂某些金属，会有效地在谐振子表面形成吸附中心以提高金膜附着力。金与掺杂金属的均匀混合膜层性能也相当稳。目前为止，金掺杂的二元复合膜溅射工艺是较好的一种镀膜方案。

由于半球谐振子是谐振部件，表面金属膜层会影响其力学特性，故对其表面金属镀膜要求较高，而激励罩和读出基座不参与振动，其上的膜层仅作为电容极板中的固定极板，用作激励电极和检测电极，因而对金属镀膜工艺要求相对较低。一般情况下，激励电极和检测电极镀膜的工艺、膜层材料与半球谐振子完全一致，区别只是其厚度一般尽量增加以获得更佳的导电效果。

2.4.3　电极刻划成型

半球谐振陀螺中振动驻波测量与控制是陀螺中的关键技术，谐振子驻波的测量与控制是通过在半球谐振子圆周方向上分别制作激励电极和检测电极来实现。激励电极的作用包括：施加静电力使半球壳边缘形成驻波振动并维持其振动幅度；通过施加静电力反馈抵消由旋转引起的科氏力敏感角速度；在正交电极上施加静电力消除半球谐振子的谐振频率差。检测电极的作用是读取谐振子节点与腹点的振动信号，用于振动驻波及正交误差的检测。半球谐振子驻波的测量与控制要求激励电极与检测电极上的信号幅度和相位很精确，电极的物理位置分布精度直接决定陀螺对谐振子驻波的控制能力。具有位置偏差或不均匀的电极分布都将增大陀螺对谐振子驻波的控制难度，直接影响半球谐振陀螺的精度，实现电极的精确刻蚀是提高半球谐振陀螺性能的关键技术之一。

半球谐振陀螺电极成型一般采用激光刻蚀金属薄膜技术，满足电极图形高精度、高绝缘度的要求。对于半球形激励电极与检测电极的制作，采用专用电极刻蚀工装，并通过多轴联动实现待刻蚀样件的多维同步运动，以保证激光加工的图形不失真。此外，针对不同的膜层厚度，也需要综合调整激光刻蚀功率、刻蚀时间、刻蚀点数、刻蚀图形填充方式、运动路径等工艺参数，以保证电极刻蚀的精度、一致性、效率等。而对于法国 Sagem 公司提出的平板电极的特殊方式，既可以采用激光刻蚀成型的方案，也可以借鉴 MEMS 工艺中的电极制造工艺，通过镀膜后涂胶、曝光、显影、金属膜层腐蚀、去胶的标准工艺实现电极的高位置精度制造。

2.4.4　谐振子去重调平

谐振子去重调平工艺的目的是降低谐振子频差，提升陀螺总体性能。为实现谐振子精确定位定量的质量去除，需重点突破谐振子质量分布不均匀系数的精确辨识技术和谐振子的精细调平技术，提高谐振子的质量均匀性，从而提高半球谐振陀螺的精度。

（1）谐振子质量分布不均匀系数的精确辨识方法

在分析谐振子密度不均匀对固态波陀螺动力学的影响时，将包含前四次谐波的密度函数按圆周角展开成傅里叶级数形式

$$\rho(\varphi) = \rho_0 \left[1 + \sum_{k=1}^{4} \varepsilon_k \cos k (\varphi - \varphi_k) \right] \tag{2-74}$$

式中　　φ_k ——第 k 次谐波相对于某个轴的方位；

ε_k ——第 k 次谐波偏差的相对值。

辨识关键在于确定值 ε_k，φ_k，其中 $k=1$，…，4。若谐振子存在密度不均匀偏差，当谐振子受到静电激励时，谐振子的振动中除了主要振型外，还将引入一系列附加振型，其中影响最大的是一次振型或者称摆动振型。该振型是由于陀螺谐振子固定轴刚度有限，并进行挠曲振动引起的。

由 2.5 节可知，考虑谐振子的一次振型后，利用辨识密度偏差的谐波参数，求解得到谐波的幅值和方位角为

$$\begin{cases} \varepsilon_i = \sqrt{x_{2i}^2 + x_{2i-1}^2} \\ \varphi_i = \dfrac{1}{i} \arctan \dfrac{x_{2i}}{x_{2i-1}} \end{cases}, i = 1, 2, 3, 4 \tag{2-75}$$

谐振子被去掉质量的区域有三个参数：定向角 ψ_k；被去掉区域的宽度 $\Delta \psi_k$；被去掉区域的高度 $\Delta \rho_k$。傅里叶展开被去掉密度，其沿圆周角分布

$$\rho^{(k)}(\varphi) = \frac{k \Delta \rho_k \Delta \psi_k}{2\pi} \left[1 + 2 \sum_{j=1}^{\infty} \mathrm{sinc} \frac{jk \Delta \psi_k}{2} \cos jk (\varphi - \psi_k) \right] \tag{2-76}$$

由此计算得到去除密度后，谐振子密度不均匀性沿圆周角的分布情况，从而为谐振子调平算法优化提供理论依据。

调平算法按谐振子缺陷分布形式（表 2-8）分别进行质量去除，谐振子以离散的变化速度旋转。在振子旋转的一周中，某一个区域内振子的旋转是以恒定的速度旋转，而在另一个区域的旋转速度则按近似的指数规律逐渐变化。刻蚀最深段的旋转速度为最小，处理时间最长，刻蚀的量最大，去除的质量最多。在调平的过程中，将谐振子整个圆平均划分成各段，每一段刻蚀时的旋转速度取决于质量去除量，以确定刻蚀时间。

表 2 - 8　谐振子缺陷的分布

| 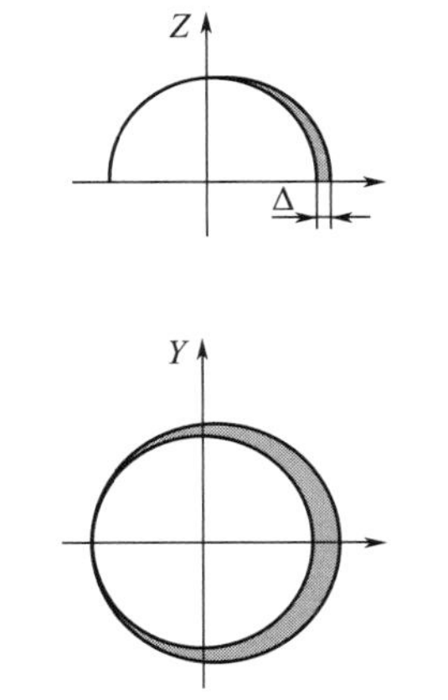 第一类缺陷 | 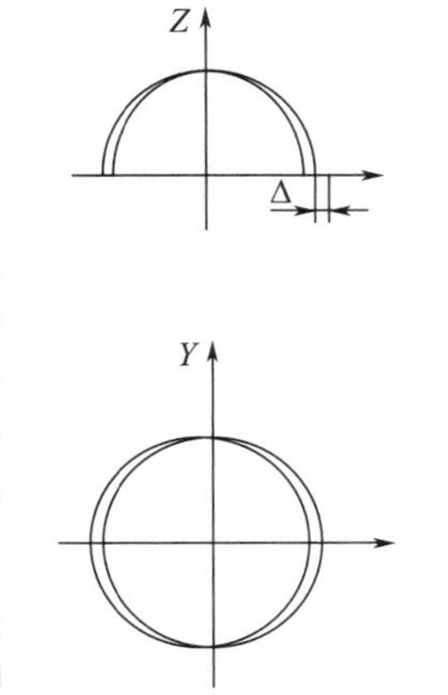 第二类缺陷 | 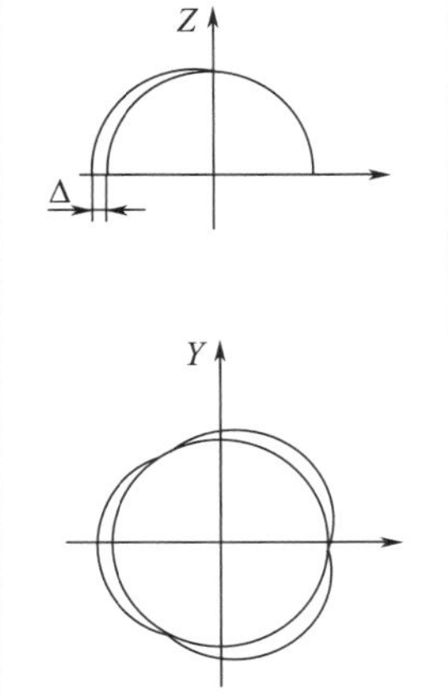 第三类缺陷 | 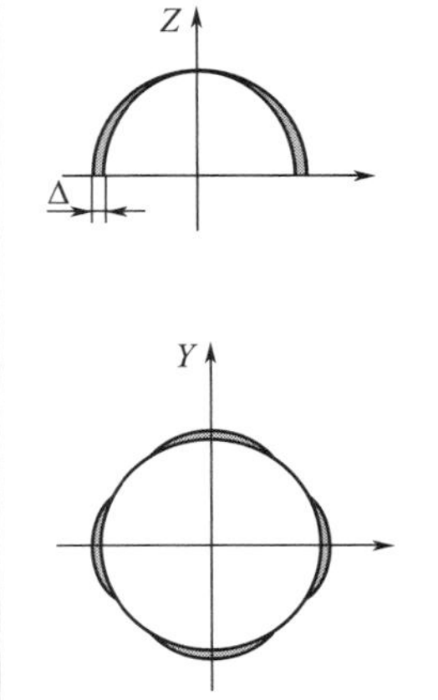 第四类缺陷 |

　　调平算法还需要确定振动信号与缺陷质量间的数量关系，以评估非平衡性。应在离子刻蚀前后对谐振子称重并检查振动信号，以获得的经验值作为计算基础，得到的系数用于处理振动测试结果，量化计算调平算法。

　　（2）谐振子精细去重调平

　　谐振子精细去重调平工艺主要有离子束去重调平工艺和激光去重调平工艺等精细质量去除方案。离子束去重调平是一种典型的纳米、微米级加工的微细加工方法和超精密加工方法，在微机械的制造中已成为不可缺少的工艺手段。其具有如下优势：1）加工精度和表面质量高。离子束轰击材料是逐层去除原子或分子，离子束流的密度及离子能量可以精确控制，其加工精度可达纳米级（0.001 μm），由于加工时被加工表面层不产生热量，不引起机械应力和损伤，故加工质量高；2）加工材料广泛。由于离子束加工原理是力效应，故对脆性、半导体、高分子等材料都可加工，且加工在真空下进行，故也适用于加工易氧化的金属、合金等材料；3）加工方法丰富，离子束加工可进行去除、镀膜、注入、曝光等多种加工方法；4）控制性能好，易于实现自动化。离子束加工被认为是最有前途的超精密加工和微细加工方法，是当代纳米加工技术的基础。

　　激光去重调平方案是另外一种可实现精确定位定量质量去除的调平技术，激光调平具有高功率密度、高注入速度、高加工效率、无工具损耗、非接触、易控制和无公害的特点。理论上，激光的功率密度可以达到 $10^8 \sim 10^{10}$ W/cm^2，从而能在千分之几秒甚至更短的时间内使各种材料熔化或汽化，达到去除材料的目的。激光去重调平是用一束激光照射在待加工材料表面，同时在激光照射的地方引一束气流，以吹走被抛出的材料，同时起到冷却加工材料的目的。

　　一般玻璃材料在常见的激光波长范围内（300～1 200 nm）的透射率约为 90%，因此对于石英半球谐振子的去重加工应合理选择激光器。CO_2 激光器的激光波长为 10.64 μm，石英材料对其有很强的吸收，CO_2 激光器产生的激光在玻璃表面产生的熔融深度一般小于几十微米。CO_2 激光去重调平是基于激光的热效应实现石英材料的去除，存在加工表面质量差、加工精度差等问题。随着激光加工技术的发展，基于紫外激光，飞秒、纳秒等超快激光技术实现石英材料去重调平的方案由于热效应低，加工精细度高，得到人们的广泛关注，是一种应用前景良好的激光去重调平方案。

2.4.5 陀螺精密装配

半球谐振陀螺精密装配技术也是研制高精度半球谐振陀螺的关键工艺技术，半球装配工艺偏差是陀螺最主要的误差源之一。陀螺装配误差主要包括间隙误差、电极间极板间距、面积偏差等方面。经过精密加工、谐振子质量调平以及金属化处理后，半球谐振子、激励罩以及读出基座要进行精密装配，并封装于密封真空室中。半球谐振子与激励罩和检测基座的球面间隙一般只有 0.1～0.15 mm，安装间隙的不对称性，直接影响激励极和检测极间的电容值，在系统误差中表现为陀螺输出检测信号的相位误差和幅度误差。因此，半球谐振陀螺一般需要借助专用的精密装配设备，在装配过程中实时检测装配精度，并且能够实现频率固有轴、阻尼轴的寻找和对准。例如，可以将 $0°$ 电极轴（x 轴）对准频率轴，得到纯的驻波，减小正交振动提高正交控制回路精度，减小陀螺漂移。

陀螺精密装配的精度主要由电容间隙的精密检测与控制决定。半球谐振陀螺本身是通过测量测振电极和半球谐振子之间的静电电容来对半球谐振子的振动位移进行测量，因此可以采用电容测量的方法对装配间隙进行测量。装配间隙测得后，还需要对零件进行精密位移以调整装配间隙，国内现有技术主要是采用一种用于半球谐振陀螺敏感表头的装配夹具，包括底座、空心圆柱、定位销螺杆、若干支柱杆及若干深度千分尺等部分，通过实时检测各轴向电容值的大小，微调相应轴向的千分尺实现半球谐振陀螺的精密装配，目前装配精度能达到间隙均匀性误差在 2％ 以内。

2.4.6 陀螺真空封装

半球谐振陀螺真空封装工艺是保证陀螺精度以及设计寿命的重要环节。半球谐振陀螺在工作时为了保证足够高的 Q 值，需要保证半球谐振子工作在一定的高真空环境中，以降低空气阻尼造成的 Q 值衰减。半球谐振陀螺的真空封装工艺主要包括真空获得、高效吸气剂激活、气密性密封等主要环节。

真空获得是通过真空泵组使陀螺内部达到一定的真空度要求，理论研究表明，空气阻尼在真空度较低的情况下是陀螺主要的阻尼源，当真空度高于 10^{-5} Pa，半球谐振陀螺真空度的提升对陀螺 Q 值的提升效果已不显著，因而半球谐振陀螺内部真空度一般需要优于 10^{-5} Pa。真空获得工艺一般需要机械干泵加分子泵两级级联进行抽气，在抽气的过程中，陀螺往往需要进行低温烘烤，加速陀螺内部材料放气，以获得更高的真空度。

陀螺内部真空度获得后，需要进行真空度保持，以保证陀螺内部真空度的稳定和设计寿命。在陀螺内部安装高效吸气剂（getter）是最常用的工艺手段。实际上，虽然陀螺吸气剂的安装一般在陀螺精密装配之后，但吸气剂的激活工艺却是与真空获得同步进行的，即在陀螺真空抽气的过程中需同步完成吸气剂激活，在吸气剂激活过程中，吸气剂材料也会释放出大量气体。

陀螺气密性密封是真空封装的核心环节，是制约陀螺长期稳定性和工作寿命的重要因素。半球谐振陀螺气密性真空密封一般在净化间内组装，采用环形激光焊接机进行密封焊接或者采用抽气嘴夹断密封的方式进行密封，由于半球谐振陀螺内部真空度的衰减是目前已知影响陀螺长期稳定性和寿命的主要因素。因而对陀螺真空封装的气密性要求极高。通常情况下陀螺通过气密性密封及加固，漏率可小于目前氦气的检测极限，并通过高效吸气剂吸收缓慢的漏气和陀螺内部材料放气，半球谐振陀螺的寿命可满足 15 年以上的设计要求。

2.5 半球谐振子的质量不均匀谐波分量的辨识

半球谐振子的质量平衡是半球谐振陀螺加工制造过程中最关键、同时也是难度最大的工艺。质量平衡的前提是对半球谐振子的不均匀质量进行精确辨识。将谐振子的密度不均匀沿着方位角进行傅里叶展开，得到以下傅里叶级数

$$\rho(\varphi) = \rho_0 + \sum \rho_n \cos n(\varphi - \varphi_n)$$

其中，对陀螺性能产生影响的为前四次谐波。第 $1 \sim 3$ 次谐波影响陀螺在振动条件下的性能以及使 Q 值下降，第 4 次谐波影响谐振子的频差。因此在高精度半球谐振陀螺中必须要对谐振子密度不均匀的第 $1 \sim 4$ 次谐波进行辨识和去除。

2.5.1 含一阶二阶振型的动力学方程

当谐振子存在密度不均匀的 $1 \sim 4$ 次谐波时，由于谐振子的支撑刚度有限，谐振子的振动中将出现摆动振型。该振型的表达式为

$$u_1 = U_1(\theta)[p(t)\cos\varphi + q(t)\sin\varphi]$$
$$v_1 = V_1(\theta)[p(t)\sin\varphi - q(t)\cos\varphi]$$
$$w_1 = W_1(\theta)[p(t)\cos\varphi + q(t)\sin\varphi]$$

其中，$U_1(\theta)$、$V_1(\theta)$、$W_1(\theta)$ 为瑞利函数，即

$$U_1(\theta) = V_1(\theta) = \sin\theta \tan\frac{\theta}{2}, W_1(\theta) = -(1 + \cos\theta)\tan\frac{\theta}{2}$$

此时谐振子的总振动为

$$\begin{bmatrix} u_0 \\ v_0 \\ w_0 \end{bmatrix} = \begin{bmatrix} u_1 \\ v_1 \\ w_1 \end{bmatrix} + \begin{bmatrix} u \\ v \\ w \end{bmatrix} \tag{2-77}$$

记

$$I_{11} = \int_0^{2\pi} U_1^2(\theta)\sin\theta d\theta \qquad I_{12} = \int_0^{2\pi} U_1(\theta)U(\theta)\sin\theta d\theta$$

$$I_{13} = \int_0^{2\pi} U^2(\theta)\sin\theta d\theta \qquad I_{21} = \int_0^{2\pi} W_1^2(\theta)\sin\theta d\theta$$

$$I_{22} = \int_0^{2\pi} W_1(\theta)W(\theta)\sin\theta d\theta \qquad I_{23} = \int_0^{2\pi} W^2(\theta)\sin\theta d\theta$$

此时动力学方程变为

$$\frac{hR^2}{2}\pi\rho_0(2I_{11}+I_{21})2\ddot{p}+\frac{hR^2}{2}\pi\rho_2[2(2I_{11}+I_{21})\cos2\varphi_2\ddot{p}+I_{21}\sin2\varphi_2\ddot{q}]$$

$$+\frac{hR^2}{2}\pi\rho_1[2(2I_{12}+I_{22})\cos\varphi_1\ddot{x}+2I_{22}\sin\varphi_1\ddot{y}]$$

$$+\frac{hR^2}{2}\pi\rho_3(2(2I_{12}+I_{22})\cos3\varphi_3\ddot{x}+2I_{22}\sin3\varphi_3\ddot{y})+\zeta\dot{p}+Kp$$

$$=2C_1V_{dc}V_{ac}\cos\varphi_{激励}\cos\lambda t$$

$$\frac{hR^2}{2}\pi\rho_0(2I_{11}+I_{21})2\ddot{q}-\frac{hR^2}{2}\pi\rho_2[(2I_{11}+I_{21})\cos2\varphi_2\ddot{q}+I_{21}\sin2\varphi_2\ddot{p}]$$

$$+\frac{hR^2}{2}\pi\rho_1[2(2I_{12}+I_{22})\cos\varphi_1\ddot{y}-2sin\varphi_1I_{22}\ddot{x}]$$

$$+\frac{hR^2}{2}\pi\rho_3[-2(2I_{12}+I_{22})\cos3\varphi_3\ddot{y}+2\sin3\varphi_3I_{22}\ddot{x}]+\zeta\dot{q}+Kq$$

$$=2C_1V_{dc}V_{ac}\sin\varphi_{激励}\cos\lambda t$$

$$\frac{hR^2}{2}\pi\rho_0 2(2I_{13}+I_{23})\ddot{x}+\frac{hR^2}{2}\pi\rho_4[2(2I_{13}+I_{23})\cos4\varphi_4\ddot{x}+\sin4\varphi_2I_{23}\ddot{y}]$$

$$+\frac{hR^2}{2}\pi\rho_1[2(2I_{12}+I_{22})\cos\varphi_1\ddot{p}-\sin\varphi_1 2I_{22}\ddot{q}]$$

$$+\frac{hR^2}{2}\pi\rho_3[2(2I_{12}+I_{22})\cos3\varphi_3\ddot{p}+\sin3\varphi_3 2I_{22}(\dot{q})]+\xi\dot{x}+kx$$

$$=2C_2V_{dc}V_{ac}\sin2\varphi_{激励}\cos\lambda t$$

$$\frac{hR^2}{2}\pi\rho_0 2(2I_{13}+I_{23})\ddot{y}-\frac{hR^2}{2}\pi\rho_4[2(2I_{13}+I_{23})\cos4\varphi_4\ddot{y}+\sin4\varphi_2I_{23}\ddot{x}]$$

$$+\frac{hR^2}{2}\pi\rho_1[2(2I_{12}+I_{22})\cos\varphi_1\ddot{q}+2I_{22}\sin\varphi_1\ddot{p}]$$

$$+\frac{hR^2}{2}\pi\rho_3[-2(2I_{12}+I_{22})\cos3\varphi_3\ddot{q}+2I_{22}\sin3\varphi_3\ddot{p}]+\xi\dot{y}+ky$$

$$=2C_2V_{dc}V_{ac}\cos2\varphi_{激励}\cos\lambda t$$

$$(2-78)$$

式中　$\varphi_{激励}$——激励方位；

λ——激励信号频率；

V_{dc}——激励信号的直流偏置；

V_{ac}——激励信号中交流信号的幅值；

C_1，C_2——与电极结构参数有关的常数；

ζ——一次振型阻尼系数；

ξ——工作振型阻尼系数；

K——一次振型刚度；

k——工作振型刚度。

2.5.2　密度不均匀的谐波辨识算法

采用图 2－12 对谐振子的密度不均匀谐波进行辨识。其中①～⑥号检测电极为振动信号采集电极，以①号电极为起始位置，则①～⑥号电极分别位于 $\theta_1 = 0°$，$\theta_2 = 45°$，$\theta_3 = 90°$，$\theta_4 = 180°$，$\theta_5 = 225°$ 以及 $\theta_6 = 270°$ 方位上。每个采集电极均与缓冲放大器连接，从而实现对振动信号的提取。激励电极则位于 22.5°和 202.5°方位上，在两个电极上施加同一激励信号对谐振子进行振动激励。

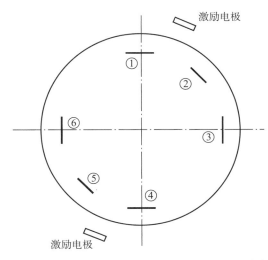

图 2－12　辨识算法中激励电极和检测电极的方位布局

记激励频率为 λ，设

$$p = a_1 \cos\lambda t + m_1 \sin\lambda t \quad q = b_1 \cos\lambda t + n_1 \sin\lambda t$$
$$x = a \cos\lambda t + m \sin\lambda t \qquad y = b \cos\lambda t + n \sin\lambda t \tag{2-79}$$

将上式带入到动力学方程中，利用系数相等法，可以得到关于 a_1、m_1、b_1、n_1、a、m、b、n 的由 8 个线性代数方程组成的方程组。记

$$x_{2i-1} = \rho_i \cos i\varphi_i \quad x_{2i} = \rho_i \sin i\varphi_i \tag{2-80}$$

此时，该方程组可写成矩阵形式

$$\boldsymbol{A} \cdot \boldsymbol{X} = \boldsymbol{F} \tag{2-81}$$

其中

$$\boldsymbol{A} = \begin{bmatrix} A_{11} & \cdots & A_{18} \\ \vdots & \ddots & \vdots \\ A_{81} & \cdots & A_{88} \end{bmatrix}$$

$$\boldsymbol{F} = \begin{bmatrix} F_1 & \cdots & F_8 \end{bmatrix}^{\mathrm{T}}$$

$$\boldsymbol{X} = \begin{bmatrix} X_1 & \cdots & X_8 \end{bmatrix}^{\mathrm{T}}$$

在该方程组中，$\boldsymbol{X}$ 为待求解的密度不均匀谐波分量，矩阵 $\boldsymbol{A}$ 及 $\boldsymbol{F}$ 中元素与 a_1、m_1、b_1、n_1、a、m、b、n 有关。而 a_1、m_1、b_1、n_1、a、m、b、n 均来源于信号采集电路，可以认为

是已知的，其确定方法如下。

记谐振子的振动为

$$w_0 = w_1 + w$$
$$= W_1 [(a_1 \cos\lambda t + m_1 \sin\lambda t) \cos\varphi + (b_1 \cos\lambda t + n_1 \sin\lambda t) \sin\varphi] + \qquad (2-82)$$
$$W [(a \cos\lambda t + m \sin\lambda t) \cos 2\varphi + (b \cos\lambda t + n \sin\lambda t) \sin 2\varphi]$$

式中，a_1、m_1、b_1、n_1、a、m、b、n 可以通过谐振子周围的位移传感器采集的信息获得。对 0°，45°，90°，180°，225°，270°的谐振子振动信息分别按照 $\cos\lambda t$ 和 $\sin\lambda t$ 进行解调，以 w_{1c}，w_{1s}，$\cdots w_{6c}$，w_{6s} 分别表示 0°，45°，90°，180°，225°，270°位移传感器解调得到的正余弦振动信号，得到

$$a_1 = \frac{1}{2W_1}(w_{1c} - w_{4c}) \ ; \ b_1 = \frac{1}{2W_1}(w_{3c} - w_{6c}) \ ; \ a = \frac{1}{2W}(w_{1c} + w_{4c}) \ ; \ b = \frac{1}{2W}(w_{2c} + w_{5c}) \ ;$$

$$m_1 = \frac{1}{2W_1}(w_{1s} - w_{4s}) \ ; \ n_1 = \frac{1}{2W_1}(w_{3s} - w_{6s}) \ ; \ m = \frac{1}{2W}(w_{1s} + w_{4s}) \ ; \ n = \frac{1}{2W}(w_{2s} + w_{5s})$$

$$(2-83)$$

因此，根据谐振子参数及振动信息，可以求得矩阵 $\boldsymbol{A}$ 和 $\boldsymbol{F}$ 的元素，进而按照式（2-80）辨识出谐振子密度不均匀各次谐波的误差量。

在确定密度不均匀前四次谐波的方位和大小后，就可以进行谐振子的平衡。在平衡工序后，密度不均匀的前四次谐波将被消除，由这些谐波成分引起的漂移也将得到补偿。

参 考 文 献

［1］ В А 马特维耶夫，В И 利帕特尼科夫，А В 阿廖欣，М А 以巴萨拉布，В Ф 克拉夫琴科 . 固体波动陀螺［M］. 北京：国防工业出版社，2009.

［2］ Choi S Y，Kim J H . Natural frequency split estimation for inextensional vibration of imperfect hemispherical shell［J］. Journal of Sound and Vibration，2011，330（9）：2094－2106.

［3］ 李巍 . 半球谐振陀螺仪的误差机理分析与测试［D］. 哈尔滨：哈尔滨工程大学，2013.

［4］ 赵洪波 . 半球谐振陀螺仪误差机理分析与误差抑制方法研究［D］. 哈尔滨：哈尔滨工程大学，2013.

［5］ 王旭 . 半球谐振陀螺误差建模补偿与力平衡控制方法研究［D］. 长沙：国防科技大学，2012.

［6］ 高胜利 . 半球谐振陀螺分析与研究［D］. 哈尔滨：哈尔滨工程大学，2008.

［7］ 李巍 . 半球谐振陀螺仪的误差机理分析与测试［D］. 哈尔滨：哈尔滨工业大学，2013.

［8］ 李云 . 半球谐振陀螺力再平衡数字控制技术［D］. 长沙：国防科技大学，2011.

［9］ DAVID M R. The hemispherical resonatorgyro：from wineglass to the planets［J］. Spaceflight Mechanics，2009，134：1157－1178.

［10］ ALAIN JEANROY，GILLES GROSSET，JEAN－CLAUDE GOUDON，FABRICE DELHAYE. Hrg by sagem from laboratory to mass production［J］. IEEE International symposium on inertial sensors & system journal，2016：1－4.

［11］ G REMILLIEUX，F DELHAYE. Sagem coriolis vibrating gyros：a vision realized［J］. Inertial Sensors & System Symposium，2014：1－13.

［12］ SARAH H NITZAN，PARSA TAHERI－TEHRANI，MARTIAL DEFOORT，SONER SONMEZOGLU，DAVID A HORSLEY. Countering the effects of nonlinearity inrate－integrating gyroscopes［J］. IEEE Sensors Journal，2016，16（10）.

［13］ JONG－KWAN WOO，JAE YOONG CHO，CHRISTOPHER BOYD，KHALIL NAJAFI. Whole－angle－mode micro－machined fused－silica birdbath resonator gyroscope（WA－BRG）. MEMS 2014，San Francisco，CA，USA，2014，1：26－30.

［14］ D D LYNCH. Vibratory gyro analysis by the method of averaging［C］. Proc. 2nd Saint Petersburg Int. Conf. on Gyroscopic Technology and Navigation，1995，5：26－34.

［15］ 高胜利，吴简彤 . 全角模式半球谐振陀螺的信号检测法研究［J］. 传感技术学报，2006，19（1）：153－156.

［16］ DAVID D LYNCH，RYAN R SAVAVA，JAMES J CAMPANILE. Hemispherical resonator gyro control. USA：7，318，347 B2［P］，2008，1.

［17］ V APOSTOLYUK. Whole angle force rebalance control for coriolis vibratory gyroscopes［C］. 2014 IEEE 3rd International Conferenceon Methodsand Systems of Navigation and Motion Control（MSNMC），Proceedings：59－61.

［18］ XUKAI DING，HONGSHENG LI，KUNPENG ZHU，YING ZHANG. A force rebalanced micro－

gyroscope driven by voltages oscillating at half of structure's resonant frequency [C] . IEEE Sensors Journal, 2016, 16 (24): 8897 - 8907.

[19]　JUNGSHIN LEE* . Sung wook yun and jaewook rhim. Design and Verification of a Digital Controller for a2 - Piece Hemispherical Resonator Gyroscope. Sensors, 2016, 14, 13 - 14.

[20]　A MATTHEWS, D A BAUER. Hemispherical resonator gyro noise reduction for precision spacecraft pointing. 19th AAS Guidance and Control Conference, 1996.

[21]　D D Lynch. "Coriolis vibratory gyros," symposium gyro technology, 1998. (also in IEEE Std. 1431 - 2004).

[22]　A D Meyer, D M Rozelle. Milli - hrg inertial navigation system. IEEE/ION PLANS, 2012.

[23]　LYNCH D D . MRIG frequency mismatch and quadrature control [C] //International Symposium on Inertial Sensors & Systems. IEEE, 2014.

[24]　武士轻 . 半球陀螺谐振子成型工艺研究 [D] . 长春: 长春理工大学, 2008.

[25]　张挺, 徐思宇, 冒继明等, 半球陀螺谐振子的金属化镀膜工艺技术研究 [J], 压电与声光, 2006, 28 (5): 538 - 540.

第3章 半球谐振陀螺控制系统

半球谐振陀螺控制技术是半球谐振陀螺的核心技术，直接影响其功能和性能。半球谐振陀螺有两种基本的控制模式[1-5]：全角模式和力平衡模式。全角模式下，半球谐振子的振动驻波可以随陀螺的旋转输入而自由进动，驻波方位为速率积分输出，通过检测驻波方位可以直接得到角度信息。采用这种方式可以获得更大的动态范围，但动态范围受检测分辨率和信号处理速度的限制。力平衡模式下，通过附加的力信号抑制谐振子的进动趋势，使得振动保持在一个固定的位置，该信号的大小正比于输入旋转速率，因此直接输出角速率信息。这种方式可以通过提高信号增益来获得优良的输出噪声指标，提高速率分辨率和精度。两种控制模式，各有利弊，为获得最佳性能指标，在某些应用场合，可以进行模式切换。例如，在较小的速率范围内采用力平衡模式，满足高精度定向的要求，而在大速率下可以切换到全角模式以获得更佳的动态性能。

由于半球谐振陀螺主要应用于空间工程，诸如卫星、宇宙飞船等航天器上，这些航天器在正常工作时，极少会有大的、剧烈的机动。因此空间工程仍然以半球谐振陀螺的精度作为主要的选择依据。在两种控制模式中，力平衡模式下陀螺虽然测量动态范围较小，但是角速度（或角度）测量精度更高。因此，力平衡模式更符合半球谐振陀螺在空间工程中的发展方向和应用前景。

3.1 半球谐振陀螺控制理论模型

3.1.1 数学模型

加入控制项后，带有频率裂解和阻尼不均匀的非理想因素的半球谐振陀螺动力学模型为[4-6]

$$
\begin{cases}
\ddot{x} - 4K\Omega\dot{y} + \left[\dfrac{2}{\tau} + \Delta\left(\dfrac{1}{\tau}\right)\cos4\theta_\tau\right]\dot{x} + \Delta\left(\dfrac{1}{\tau}\right)\sin4\theta_\tau\dot{y} \\
\quad + (\omega^2 - \omega\Delta\omega\cos4\theta_\omega)x - \omega\Delta\omega\sin4\theta_\omega y = f_x \\
\ddot{y} + 4K\Omega\dot{x} + \left[\dfrac{2}{\tau} - \Delta\left(\dfrac{1}{\tau}\right)\cos4\theta_\tau\right]\dot{y} + \Delta\left(\dfrac{1}{\tau}\right)\sin4\theta_\tau\dot{x} \\
\quad + (\omega^2 + \omega\Delta\omega\cos4\theta_\omega)y - \omega\Delta\omega\sin4\theta_\omega x = f_y
\end{cases}
\tag{3-1}
$$

式中 f_x，f_y ——分别表示施加在 0°和 45°上的电极作用力，分别用于幅度控制和力反馈控制。

当半球谐振陀螺处于力平衡工作模式下时，有

$$
\begin{cases}
x = A_0\sin\omega_x t \\
y = 0
\end{cases}
\tag{3-2}
$$

即主振型 x 在幅度（AMP）控制环路和频率跟踪环路的作用下，以设定振幅 A_0 以及主振型的振动频率 ω_x 做恒幅正弦振动。检测振型 y 则在力反馈（FTR）环路控制作用下，维持节点振幅为 0。将上述解代入式（3-1）中，有

$$
\begin{cases}
-A_0\omega_x^2\sin\omega_x t + \left[\dfrac{2}{\tau} + \Delta\left(\dfrac{1}{\tau}\right)\cos 2n\theta_\tau\right]A_0\omega_x\cos\omega_x t + (\omega^2 - \omega\Delta\omega\cos 2n\theta_\omega)A_0\sin\omega_x t = f_x \\
4K\Omega A_0\omega_x\cos\omega_x t + \Delta\left(\dfrac{1}{\tau}\right)\sin 2n\theta_\tau A_0\omega_x\cos\omega_x t - \omega\Delta\omega\sin 2n\theta_\omega A_0\sin\omega_x t = f_y
\end{cases}
$$

$$(3-3)$$

求解上述方程可得

$$
\begin{cases}
\omega_x = \sqrt{\omega^2 - \omega\Delta\omega\cos 4\theta_\omega} \\
f_x = \left[\dfrac{2}{\tau} + \Delta\left(\dfrac{1}{\tau}\right)\cos 4\theta_\tau\right]A_0\omega_x\cos\omega_x t \\
f_y = 4K\Omega A_0\omega_x\cos\omega_x t + \Delta\left(\dfrac{1}{\tau}\right)\sin 4\theta_\tau A_0\omega_x\cos\omega_x t - \omega\Delta\omega\sin 4\theta_\omega A_0\sin\omega_x t
\end{cases}
$$

$$(3-4)$$

因此，当半球谐振子为理想谐振子时，在力平衡模式下，f_y 的幅值大小 $|f_y|$ 被认为与角速度成正比，有

$$
\Omega = \frac{1}{4KA_0\omega_x}|f_y| \tag{3-5}
$$

角速度方向与 f_y 的相位有关。此时，半球谐振陀螺工作在速率模式下，实现对转动角速度的测量。

但由于阻尼不均匀、频率裂解等非理想因素的存在，在控制力 f_y 的数学表达式中分别出现了 $\Delta\left(\dfrac{1}{\tau}\right)\sin 4\theta_\tau A_0\omega_x\cos\omega_x t$，$\omega\Delta\omega\sin 4\theta_\omega A_0\sin\omega_x t$ 两项，其中第一项与阻尼不均匀性以及阻尼轴方位角相关，该项与角速度引起的控制力信号同频同相，无法区分有用信号和误差信号，对应于陀螺的零位，可以通过标定来补偿阻尼不均匀引起的零位。第二项则与频差及频率轴方位角有关，该项与角速度引起的控制信号同频正交，即所谓的正交误差，该项使得相距 $45°$ 的电极信号的利萨如图成为椭圆。

由上述分析可以看出，为使半球谐振陀螺工作在力平衡模式下且减小误差，控制环路必须包含以下几个部分[7-10]。

1）频相跟踪环路：该环路通过锁相环使驱动频率锁定在 ω_x 上，以保证半球谐振子处于谐振状态，获得最高的驱动效率。

2）幅度控制环路：该环路通过调节驱动电压的大小，使 x 检测环路上的振幅稳定在设定振幅 A_0 上。

3）正交控制环路：该环路用于消除正交项（$-\omega\Delta\omega\sin 4\theta_\omega A_0\sin\omega_x t$），使 y 检测环路上的信号与 x 检测环路上的信号同频同相。

4）力反馈环路：该环路用于抵消科氏力作用 $4K\Omega A_0\omega_x\cos\omega_x t$，使振型指向在指定方位上，并根据控制电压的大小和符号解算出角速度的大小和方向。

上述四个控制环路都必须要有自身控制的判断量，需要对检测到的振动信号进行信号解调。

3.1.2　信号解调模型

半球谐振陀螺是一个两维振荡器，以激励模态（x 轴振动）和检测模态（y 轴振动）的运动方程作为理论分析的出发点，其质点运动类似于一个单摆的运动，如图 3-1 所示[11]。

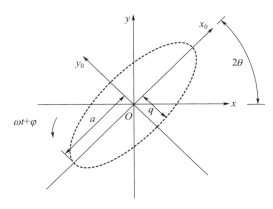

图 3-1　谐振子等效质点的振动轨迹示意图

这里假设：x 轴为 0° 电极轴方向；y 轴为 45° 电极轴方向；a 为主波波腹；q 为正交波波腹；φ 为主波的相位变量；ω 为半球振动的角频率；θ 为主波波幅轴与 0° 电极轴（x 轴）的夹角。

因此，可以将 x 方向和 y 方向的振动位移方程写为

$$X = a\cos(2\theta)\cos(\omega t + \varphi) - q\sin(2\theta)\sin(\omega t + \varphi) \tag{3-6}$$
$$Y = a\sin(2\theta)\cos(\omega t + \varphi) + q\cos(2\theta)\sin(\omega t + \varphi)$$

选取与谐振子谐振频率相同的参考信号 V_s 与 V_c

$$\begin{cases} V_s = A\sin(\omega t + \varphi_r) \\ V_c = A\cos(\omega t + \varphi_r) \end{cases} \tag{3-7}$$

式中　A ——参考信号的幅值；

　　　φ_r ——参考信号初始相位。

将参考信号与 x 轴和 y 轴的信号进行乘法解调，过程如下：

X 信号与 V_s 信号相乘得到 S_x

$$S_x = V_s X$$

$$= A\sin(\omega t + \varphi_r)[a\cos(2\theta)\cos(\omega t + \varphi) - q\sin(2\theta)\sin(\omega t + \varphi)]$$

$$= Aa\cos(2\theta)\sin(\omega t + \varphi_r)\cos(\omega t + \varphi) - Aq\sin(2\theta)\sin(\omega t + \varphi_r)\sin(\omega t + \varphi)$$

$$= \frac{1}{2}Aa\cos(2\theta)[\sin(2\omega t + \varphi_r + \varphi) + \sin(\varphi_r - \varphi)] +$$

$$\frac{1}{2}Aq\sin(2\theta)[\cos(2\omega t + \varphi_r + \varphi) - \cos(\varphi_r - \varphi)]$$

经过低通滤波器之后得到

$$S_x = \frac{1}{2}Aa\cos(2\theta)\sin(\varphi_r - \varphi) - \frac{1}{2}Aq\sin(2\theta)\cos(\varphi_r - \varphi) \tag{3-8}$$

X 信号与 V_c 信号相乘得到 C_x

$$C_x = V_c X$$

$$= A\cos(\omega t + \varphi_r)[a\cos(2\theta)\cos(\omega t + \varphi) - q\sin(2\theta)\sin(\omega t + \varphi)]$$

$$= Aa\cos(2\theta)\cos(\omega t + \varphi_r)\cos(\omega t + \varphi) - Aq\sin(2\theta)\cos(\omega t + \varphi_r)\sin(\omega t + \varphi)$$

$$= \frac{1}{2}Aa\cos(2\theta)[\cos(2\omega t + \varphi_r + \varphi) + \cos(\varphi_r - \varphi)] -$$

$$\frac{1}{2}Aq\sin(2\theta)[\sin(2\omega t + \varphi_r + \varphi) - \sin(\varphi_r - \varphi)]$$

通过低通滤波器之后得到

$$C_x = \frac{1}{2}Aa\cos(2\theta)\cos(\varphi_r - \varphi) + \frac{1}{2}Aq\sin(2\theta)\sin(\varphi_r - \varphi) \tag{3-9}$$

Y 信号与 V_s 信号相乘得到 S_y

$$S_y = V_s Y$$

$$= A\sin(\omega t + \varphi_r)[a\sin(2\theta)\cos(\omega t + \varphi) + q\cos(2\theta)\sin(\omega t + \varphi)]$$

$$= Aa\sin(2\theta)\sin(\omega t + \varphi_r)\cos(\omega t + \varphi) + Aq\cos(2\theta)\sin(\omega t + \varphi_r)\sin(\omega t + \varphi)$$

$$= \frac{1}{2}Aa\sin(2\theta)[\sin(2\omega t + \varphi_r + \varphi) + \sin(\varphi_r - \varphi)] -$$

$$\frac{1}{2}Aq\cos(2\theta)[\cos(2\omega t + \varphi_r + \varphi) - \cos(\varphi_r - \varphi)]$$

通过低通滤波器之后得到

$$S_y = \frac{1}{2}Aa\sin(2\theta)\sin(\varphi_r - \varphi) + \frac{1}{2}Aq\cos(2\theta)\cos(\varphi_r - \varphi) \tag{3-10}$$

Y 信号与 V_c 信号相乘得到 C_y

$$C_y = V_c Y$$

$$= A\cos(\omega t + \varphi_r)[a\sin(2\theta)\cos(\omega t + \varphi) + q\cos(2\theta)\sin(\omega t + \varphi)]$$

$$= Aa\sin(2\theta)\cos(\omega t + \varphi_r)\cos(\omega t + \varphi) + Aq\cos(2\theta)\cos(\omega t + \varphi_r)\sin(\omega t + \varphi)$$

$$= \frac{1}{2}Aa\sin(2\theta)[\cos(2\omega t + \varphi_r + \varphi) + \cos(\varphi_r - \varphi)] +$$

$$\frac{1}{2}Aq\cos(2\theta)[\sin(2\omega t + \varphi_r + \varphi) - \sin(\varphi_r - \varphi)]$$

通过低通滤波器之后得到

$$C_y = \frac{1}{2}Aa\sin(2\theta)\cos(\varphi_r - \varphi) - \frac{1}{2}Aq\cos(2\theta)\sin(\varphi_r - \varphi) \tag{3-11}$$

将 $(\varphi_r - \varphi)$ 记为 δ，$\frac{1}{2}Aa$ 记为 ka ，则有

$$\begin{aligned}
S_x &= ka\cos(2\theta)\sin\delta - kq\sin(2\theta)\cos\delta \\
C_x &= ka\cos(2\theta)\cos\delta + kq\sin(2\theta)\sin\delta \\
S_y &= ka\sin(2\theta)\sin\delta + kq\cos(2\theta)\cos\delta \\
C_y &= ka\sin(2\theta)\cos\delta - kq\cos(2\theta)\sin\delta
\end{aligned} \tag{3-12}$$

对以上几式进行如下组合运算

$$Q = C_x S_y - C_y S_x$$

$$= [ka\cos(2\theta)\cos\delta + kq\sin(2\theta)\sin\delta][ka\sin(2\theta)\sin\delta + kq\cos(2\theta)\cos\delta]$$

$$- [ka\sin(2\theta)\cos\delta - kq\cos(2\theta)\sin\delta][ka\cos(2\theta)\sin\delta - kq\sin(2\theta)\cos\delta]$$

$$= k^2 aq\sin^2(2\theta)\sin^2\delta + k^2 aq\cos^2(2\theta)\cos^2\delta + k^2 aq\sin^2(2\theta)\cos^2\delta + k^2 aq\cos^2(2\theta)\sin^2\delta$$

$$= k^2 aq\sin^2(2\theta) + k^2 aq\cos^2(2\theta)$$

$$= k^2 aq$$

$$E = C_x^2 + S_y^2 + C_y^2 + S_x^2$$

$$= (ka)^2\cos^2(2\theta)\cos^2\delta + (kq)^2\sin^2(2\theta)\sin^2\delta + (ka)^2\sin^2(2\theta)\sin^2\delta + (kq)^2\cos^2(2\theta)\cos^2\delta$$

$$+ (ka)^2\sin^2(2\theta)\cos^2\delta + (kq)^2\cos^2(2\theta)\sin^2\delta + (ka)^2\cos^2(2\theta)\sin^2\delta + (kq)^2\sin^2(2\theta)\cos^2\delta$$

$$= (ka)^2 + (kq)^2 = k^2(a^2 + q^2)$$

$$R = C_x^2 + S_x^2 - C_y^2 - S_y^2$$

$$= (ka)^2\cos^2(2\theta)\cos^2\delta + (kq)^2\sin^2(2\theta)\sin^2\delta + (ka)^2\cos^2(2\theta)\sin^2\delta + (kq)^2\sin^2(2\theta)\cos^2\delta$$

$$- (ka)^2\sin^2(2\theta)\cos^2\delta - (kq)^2\cos^2(2\theta)\sin^2\delta - (ka)^2\sin^2(2\theta)\sin^2\delta - (kq)^2\cos^2(2\theta)\cos^2\delta$$

$$= (ka)^2[\cos^2(2\theta)\cos^2\delta + \cos^2(2\theta)\sin^2\delta - \sin^2(2\theta)\cos^2\delta - \sin^2(2\theta)\sin^2\delta]$$

$$+ (kq)^2[\sin^2(2\theta)\sin^2\delta + \sin^2(2\theta)\cos^2\delta - \cos^2(2\theta)\sin^2\delta - \cos^2(2\theta)\cos^2\delta]$$

$$= (ka)^2[\cos^2(2\theta) - \sin^2(2\theta)] + (kq)^2[\sin^2(2\theta) - \cos^2(2\theta)]$$

$$= k^2[a^2 - q^2]\cos(4\theta)$$

$$S = 2(C_x C_y + S_x S_y)$$

$$= 2[(ka\cos(2\theta)\cos\delta + kq\sin(2\theta)\sin\delta)(ka\sin(2\theta)\cos\delta - kq\cos(2\theta)\sin\delta)$$

$$+ (ka\cos(2\theta)\sin\delta - kq\sin(2\theta)\cos\delta)(ka\sin(2\theta)\sin\delta + kq\cos(2\theta)\cos\delta)]$$

$$= 2\{[ka\cos(2\theta)\cos\delta ka\sin(2\theta)\cos\delta - ka\cos(2\theta)\cos\delta kq\cos(2\theta)\sin\delta$$

$$+ kq\sin(2\theta)\sin\delta ka\sin(2\theta)\cos\delta - kq\sin(2\theta)\sin\delta kq\cos(2\theta)\sin\delta]$$

$$+ [ka\cos(2\theta)\sin\delta ka\sin(2\theta)\sin\delta + ka\cos(2\theta)\sin\delta kq\cos(2\theta)\cos\delta$$

$$- kq\sin(2\theta)\cos\delta ka\sin(2\theta)\sin\delta - kq\sin(2\theta)\cos\delta kq\cos(2\theta)\cos\delta]\}$$

$$= 2\left\{\left[\frac{1}{2}(ka)^2\sin(4\theta)\cos^2\delta - \frac{1}{2}k^2 aq\cos^2(2\theta)\sin(2\delta) + \frac{1}{2}k^2 aq\sin^2(2\theta)\sin(2\delta) - \frac{1}{2}(kq)^2\sin(4\theta)\sin^2\delta\right]\right.$$

$$\left. + \left[\frac{1}{2}(ka)^2\sin^2\delta\sin(4\theta) + \frac{1}{2}k^2 aq\cos^2(2\theta)\sin(2\delta) - \frac{1}{2}k^2 aq\sin^2(2\theta)\sin(2\delta) - \frac{1}{2}(kq)^2\sin(4\theta)\cos^2\delta\right]\right\}$$

$$= k^2[a^2 - q^2]\sin(4\theta)$$

$$L = 2(C_x S_x + C_y S_y)$$

$$= 2[(ka\cos(2\theta)\cos\delta + kq\sin(2\theta)\sin\delta)(ka\cos(2\theta)\sin\delta - kq\sin(2\theta)\cos\delta)$$

$$+ (ka\sin(2\theta)\cos\delta - kq\cos(2\theta)\sin\delta)(ka\sin(2\theta)\sin\delta + kq\cos(2\theta)\cos\delta)]$$

$$= 2\left\{\left[\frac{1}{2}(ka)^2\cos^2(2\theta)\sin(2\delta) - \frac{1}{2}k^2 aq\cos^2\delta\sin(4\theta) + \frac{1}{2}k^2 aq\sin(4\theta)\sin^2\delta - \frac{1}{2}(kq)^2\sin^2(2\theta)\sin(2\delta)\right]\right.$$

$$\left. + \left[\frac{1}{2}(ka)^2\sin^2(2\theta)\sin(2\delta) + \frac{1}{2}k^2 aq\sin(4\theta)\cos^2\delta - \frac{1}{2}k^2 aq\sin(4\theta)\sin^2\delta - \frac{1}{2}(kq)^2\cos^2(2\theta)\sin(2\delta)\right]\right\}$$

$$= (ka)^2\cos^2(2\theta)\sin(2\delta) - k^2 aq\cos^2\delta\sin(4\theta) + k^2 aq\sin(4\theta)\sin^2\delta - (kq)^2\sin^2(2\theta)\sin(2\delta)$$

$$+ (ka)^2\sin^2(2\theta)\sin(2\delta) + k^2 aq\sin(4\theta)\cos^2\delta - k^2 aq\sin(4\theta)\sin^2\delta - (kq)^2\cos^2(2\theta)\sin(2\delta)$$

$$= k^2(a^2 - q^2)\sin(2\delta)$$

$$(3-13)$$

设 $k = 1$，则对以上几式进行如下组合运算，半球谐振陀螺的控制参数方程为[12]

$$Q = C_x S_y - C_y S_x = aq$$

$$E = C_x^2 + S_y^2 + C_y^2 + S_x^2 = (a^2 + q^2)$$

$$R = C_x^2 + S_x^2 - C_y^2 - S_y^2 = (a^2 - q^2)\cos(4\theta) \qquad (3-14)$$

$$S = 2(C_x C_y + S_x S_y) = (a^2 - q^2)\sin(4\theta)$$

$$L = 2(C_x S_x + C_y S_y) = (a^2 - q^2)\sin(2\delta)$$

对陀螺控制参数信号进行处理，通过以上组合运算结果可以解算出角度信号、振型波腹的幅度、正交误差以及参考信号与振动信号的相位差，从而得到每个环路的控制判断量。每个环路的控制判断量分别如下。

1）频相跟踪环路的判断量为

$$L = (a^2 - q^2)\sin(2\delta) \qquad (3-15)$$

调节参考信号频率，使 $L = 0$，此时参考信号的频率与 ω_x 相等，实现对频率的跟踪。

2）幅度控制环路的判断量为

$$Amp = \sqrt{E} = \sqrt{a^2 + q^2} \qquad (3-16)$$

调节驱动电压，使 $Amp = A_0$（设定的控制幅值），实现对振动幅度的控制。

3）正交控制环路的判断量为

$$q = \frac{1}{2}\left(\sqrt{E+Q} - \sqrt{E-Q}\right) \tag{3-17}$$

通过调节正交控制电压，使 $q = 0$，实现对正交振动的抑制。

4）力反馈环路的判断量为

$$\theta = \frac{1}{4}\arctan\left(\frac{S}{R}\right) \tag{3-18}$$

通过施加力反馈控制电压，使 $\theta = 0$，抵消角速度引起的科氏力作用，使驻波不进动，并根据力反馈电压的大小和符号判断角速度的大小和方向。

3.2　控制系统总体框架

力平衡模式的本质是闭环检测。该模式下，半球谐振陀螺是一种角速率陀螺，频相跟踪环路用于跟踪半球谐振子的固有频率；幅度控制环路控制陀螺的腹点振动幅度使其稳定在一固定值，该回路是陀螺正常工作的必要条件；正交控制环路控制施加在正交电极上的直流电压以控制检测模态的谐振频率，使其与驱动模态的谐振频率一致，解决由于工艺造成的频率裂解；力反馈环路根据检测方向的位移信号产生相应的静电力进行反馈，抵消由于角速度产生的科氏力，反馈的静电力与输入的角速度大小成正比。力平衡模式下，半球谐振陀螺的控制系统示意图如图 3-2 所示。

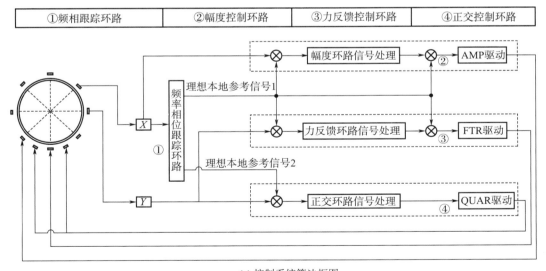

(a) 控制系统算法框图

图 3-2　力平衡模式下半球谐振陀螺的控制系统示意图

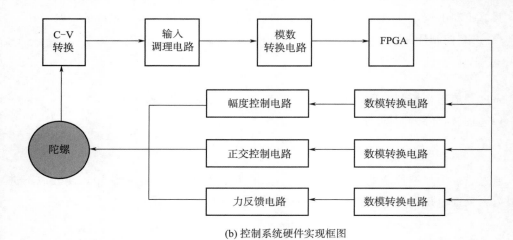

(b) 控制系统硬件实现框图

图 3-2　力平衡模式下半球谐振陀螺的控制系统示意图（续）

3.3　陀螺控制系统设计

半球谐振陀螺的信号控制系统主要包括：信号解调环路、频相跟踪环路、幅度控制环路、正交控制环路以及力反馈环路。以下对各个环路进行介绍。

3.3.1　信号解调环路

半球谐振陀螺控制系统的信号解调环路如图 3-3 所示，x 路（0°检测电极）信号与 y 路（45°检测电极）信号分别与参考信号进行乘法解调，并经过滤波器，得到了判断量 E、Q、R、S 以及 L，依据这些判断量即可对半球谐振陀螺进行频率跟踪、幅度控制、正交控制以及力反馈控制。

3.3.2　频相跟踪环路

信号检测和解算与驱动力施加的过程均需与谐振信号同频率、同相位的参考信号，该信号与真实谐振信号的频率误差对信号解算结果和驱动力施加的效率产生直接影响。谐振频相跟踪器可以在陀螺谐振与进动过程中实时跟踪谐振信号的振动频率与相位，产生与谐振信号同频率、同相位的交变信号，谐振频相跟踪器的原理结构如图 3-4 所示。

频相跟踪环路由鉴相器和振荡发生器构成，鉴相器根据信号检测部分的低频信号解算结果，可获得频相跟踪器输出跟踪信号与实时谐振信号之间的相位差 φ_r。振荡发生器根据相位差的大小来调整参考信号的相位与频率，通过不断地迭代使跟踪信号的频率与相位逼近谐振信号。跟踪信号与实际谐振信号之间的频率和相位在未经频相跟踪环路的整定之前均存在偏差。若谐振信号与跟踪信号之间的频差为 $\Delta\omega$，相位差为 $\Delta\varphi$，谐振信号为 $\cos(\omega t)$，在未经迭代时，跟踪信号的数学表达式可以表示为

$$V_r = \cos[(\omega + \Delta\omega)t + \Delta\varphi] \tag{3-19}$$

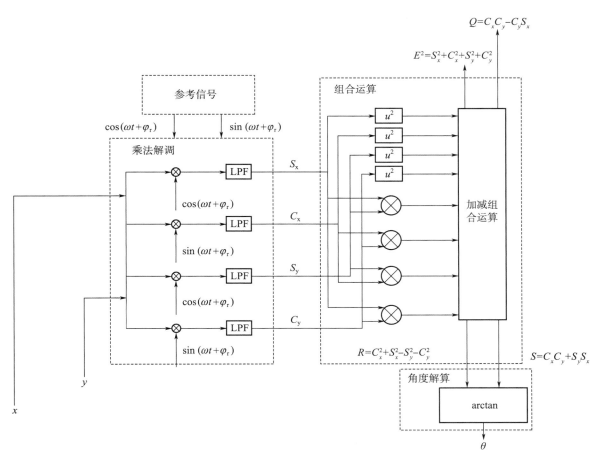

图 3-3　信号解调环路流程图

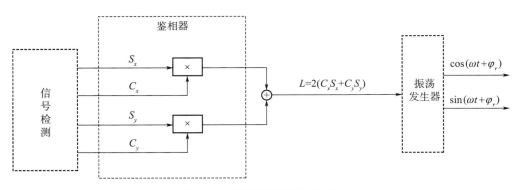

图 3-4　频相跟踪环路结构图

将上式变形后得到

$$V_r = \cos[(\omega + \Delta\omega)t + \Delta\varphi] = \cos[\omega t + (\Delta\omega t + \Delta\varphi)] \tag{3-20}$$

因此，通过连续判断鉴相器输出的相位偏差，调整相差 $\varphi_r = \Delta\omega t + \Delta\varphi$，同时整定跟踪器输出信号的频率和相位误差，使其最终与谐振信号的频率和相位相同，使得在任意时

刻有 $\Delta\omega = 0$，$\Delta\varphi = 0$，亦即 $\varphi_r = 0$。

3.3.3　幅度控制环路

半球谐振陀螺的幅度控制环路如图 3-5 所示。通过振幅检测模块得到当前半球谐振子振动的总能量 E，并将 E 与设定振幅 $E_0 = A_0^2$ 做差值比较。得到的误差信号作为 PID 控制器的控制信号，控制驱动电压的大小。在得到驱动电压幅值 U_0 后，与频率跟踪环路产生的驱动频率 ω_x 合成驱动信号 $U_0 \sin\omega_x t$，该信号通过放大器作用在半球谐振子上，从而实现对半球谐振子振动幅度的控制。

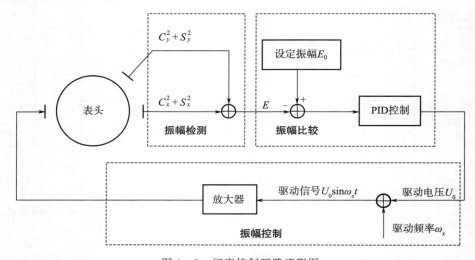

图 3-5　幅度控制环路流程图

由半球谐振陀螺谐振子的质点二阶动力学方程的复频域表达式有

$$mX(s)s^2 + \frac{\omega m}{Q}X(s)s + \omega^2 mX(s) = F(s) \tag{3-21}$$

式中　$X(s)$ ——谐振振幅所在轴向的运动位移；

　　　ω ——系统谐振频率；

　　　Q ——谐振子品质因数；

　　　m ——谐振子的等效质量；

　　　F ——驱动力。

整理可得半球谐振子振动的传递函数

$$G(s) = \frac{X(s)}{F(s)} = \frac{1}{ms^2 + \frac{\omega m}{Q}s + \omega^2 m} \tag{3-22}$$

取 $m = 1.5$ g，$\omega = 31\,416$ rad/s，$Q = 6\,000\,000$，使用 5 V 的阶跃激励仿真半球谐振子，起振过程中对无振动到正常起振的振幅起到控制效果，该过程谐振振幅的建立时间小于 0.05 s，超调量小于 18%，当振动振幅进入稳态时，稳态误差小于 0.002。

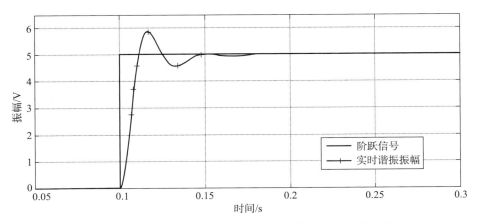

图 3 - 6　用阶跃信号仿真陀螺起振过程谐振振幅控制曲线

3.3.4　正交控制环路

半球谐振陀螺中的正交误差是由于半球谐振子振动时，x 路和 y 路检测信号频率或相位不一致所产生[14-15]。当半球谐振子受到驱动时，其振动频率与驱动频率相同，但两路信号之间存在着恒定相位差。由公式

$$X = a\cos(2\theta)\cos(\omega t + \varphi) - q\sin(2\theta)\sin(\omega t + \varphi)$$
$$Y = a\sin(2\theta)\cos(\omega t + \varphi) + q\cos(2\theta)\sin(\omega t + \varphi) \qquad (3-23)$$

可知，当 q 不为零时，x 路和 y 路检测信号的相位不一致，因此 q 的大小即表征了正交误差的大小。

由式（3-4）可知

$$f_y = 4K\Omega A_0 \omega_x \cos\omega_x t + \Delta\left(\frac{1}{\tau}\right)\sin4\theta_\tau A_0 \omega_x \cos\omega_x t - \omega\Delta\omega\sin4\theta_\omega A_0 \sin\omega_x t \quad (3-24)$$

在力平衡模式，当存在着频率裂解且主轴方位角失配时，振动信号将引入正交误差。因此正交误差的控制方法主要是通过抑制频差以及将主轴方位角校准至 $0°$ 完成。

通常利用电负刚度效应对波节点的频率进行微调整，弥补工艺频率修形技术无法准确完成的频率调整难题。当在施力电极施加一定的直流电压时，在半球谐振子上会形成由电磁场产生的负电弹簧，其负弹性系数 k_e 与电压的关系为

$$k_e = -\frac{\mathrm{d}F_z}{\mathrm{d}z} = -\frac{V_t^2 \cdot \varepsilon \cdot S}{z^3} \qquad (3-25)$$

式中　S——电容极板正对面积；

　　　ε——介电常量，8.85×10^{-12} F/m；

　　　z——电极间距；

　　　V_t——驱动电压。

相应模态的谐振频率 f_z 为

$$f_z = \frac{1}{2\pi}\sqrt{\frac{k_0 + k_e}{m}} = \frac{1}{2\pi}\sqrt{\frac{k_0 - \dfrac{V_t^2 \cdot \varepsilon \cdot S}{z^3}}{m}} \qquad (3-26)$$

则

$$\frac{\mathrm{d}f_z}{\mathrm{d}V_t} = \frac{1}{2\pi} \cdot \frac{1}{2} \cdot \frac{1}{\sqrt{\dfrac{k_0 - \dfrac{V_t^2 \cdot \varepsilon \cdot S}{z^3}}{m}}} \cdot \left(-\frac{\varepsilon \cdot S}{mz^3} \cdot 2V_t\right) \qquad (3-27)$$

　　由上式可以看出调谐频率与调谐电压存在对应关系，因此可以对相应电极施加电压以弥补频率差异，这也是半球谐振陀螺正交抑制电路的主要功能。

　　半球谐振陀螺正交控制环路流程如图 3-7 所示，x 路和 y 路信号经解调后进行组合运算，得到正交误差信号 $Q = C_x S_y - C_y S_x$，将该误差信号作为 PID 控制量生成直流电压 DC_1、DC_2，并分别作用到各自对应电极上（这两个电极可位于 $\pm 22.5°$ 的方位上），通过对谐振子固有频率以及主轴方位的调谐，最终实现对正交误差的控制。

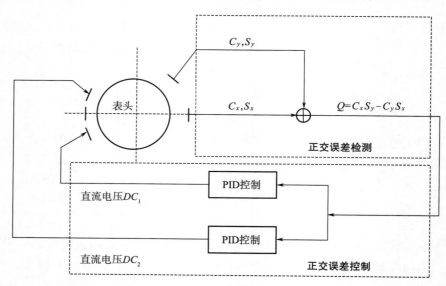

图 3-7　正交控制环路流程图

　　令 $\theta = 30°$，$a = 5$，随着正交控制电压逐渐趋向稳定的控制值，正交误差 q 将逐渐减小，最终趋向于 0。令 q 分别等于 5、3、1、0，得到陀螺 x 和 y 电极输出信号以及利萨如图如图 3-8 ～图 3-11 所示。

　　由图 3-8～图 3-11 可知，当谐振振型的波节点振幅 $q \neq 0$，波腹点振幅 a 保持稳定时，电极 x 和 y 的输出信号相位差随 q 值的减小而减小，同时其利萨如图也由圆逐渐成为椭圆，直到 $q = 0$ 时，谐振振型最终变为直线。由谐振子输出信号的利萨如图可知，谐振振型长轴在正交直角坐标系的指向角度体现了谐振振型的进动滞后角。当谐振子检测电极输出信号的利萨如图离心率越大（亦即利萨如图的短轴长 q 越趋近于 0），利萨如图越接近

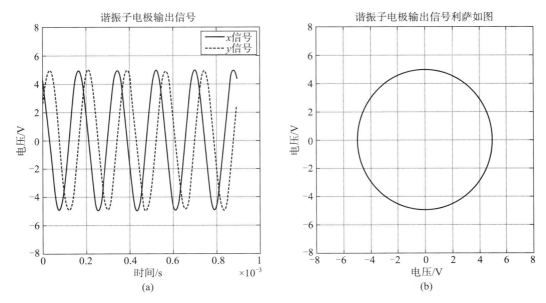

图 3-8　$a = 5$、$q = 5$，陀螺谐振振型进动滞后角为 $30°$

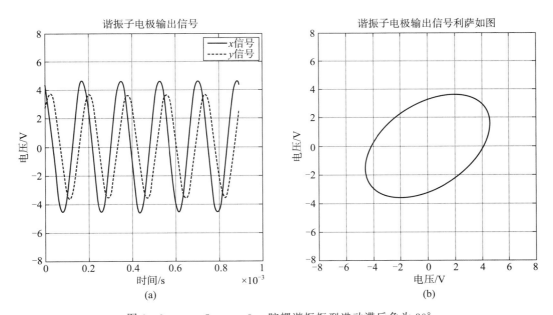

图 3-9　$a = 5$、$q = 3$，陀螺谐振振型进动滞后角为 $30°$

直线，角度指向特征就越明显，通过信号处理获得进动滞后角的灵敏度就越高。通过正交控制环路尽量抑制四波腹振型的波节点振幅，从而提高振型进动角度的指向特征，以提高角度检测的精度。

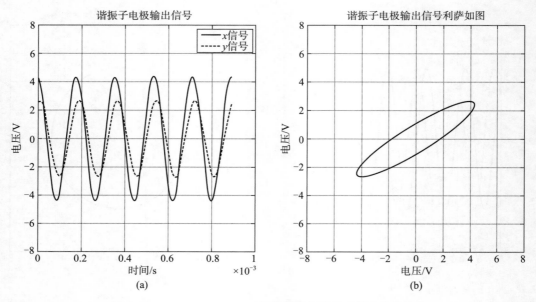

图 3-10 $a=5$、$q=1$，陀螺谐振振型进动滞后角为 30°

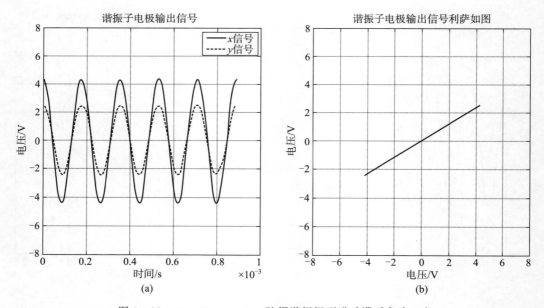

图 3-11 $a=5$、$q=0$，陀螺谐振振型进动滞后角为 30°

3.3.5　力反馈环路

力反馈环路为

$$f_y = 4K\Omega A_0\omega_x\cos\omega_x t + \Delta\left(\frac{1}{\tau}\right)\sin4\theta_\tau A_0\omega_x\cos\omega_x t - \omega\Delta\omega\sin4\theta_\omega A_0\sin\omega_x t \quad （3-28）$$

当正交误差被抑制后，不考虑阻尼不均匀带来的误差时，y 方向上的控制力变为

$$f_y = 4K\Omega A_0 \omega_x \cos\omega_x t \tag{3-29}$$

因此，需要在 y 方向上施加频率为 ω_x、大小为 $4K\Omega A_0 \omega_x$ 的驱动力对敏感振型进行抑制。控制框图如图 3-12 所示。

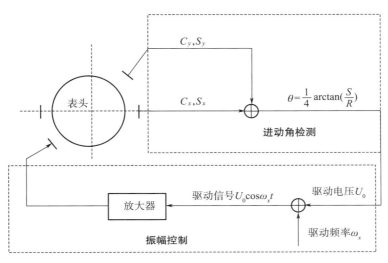

图 3-12 力反馈环路流程图

力反馈环路就是要在纯外界角速率输入的情况下将敏感振型抑制到零，从而将进动的振型拉回到原来预设的方位角，使其在外力作用下保持一种非进动状态。而外界输入角速率的大小可以从施加的控制力中解调得到。此时，半球谐振陀螺为速率闭环工作模式。

3.4 陀螺控制电路设计

3.4.1 信号检测电路

信号检测电路完成半球谐振陀螺谐振子物理振动信号的提取，将振动引起的电容变化量转换为电压变化量。信号检测电路为高输入阻抗缓冲放大电路，以减小信号杂波，提高输出信噪比，保证半球谐振子振动幅值和相位高精度地转化为电压信号，图 3-13 中的 C_1 就是陀螺敏感基座上的电容传感器[16]。

由图 3-13 可以得到电路对应的输出信号

$$U - I_1 R_{C1} = U_1 \tag{3-30}$$

$$U_2 = U_1 - I_2 R_1 \tag{3-31}$$

$$U_2 = I_8 R_2 \tag{3-32}$$

$$U_3 = U_4 - I_4 R_4 = U_{\text{out}} \tag{3-33}$$

$$U_2 = U_3 - I_5 [R_{C2} + R_3 R_{C2}/(R_3 + R_{C3})] \tag{3-34}$$

$$I_1 = I_2 + I_3 \tag{3-35}$$

$$I_4 = I_5 + I_9 \tag{3-36}$$

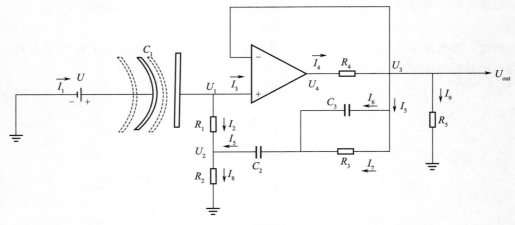

图 3 - 13　信号检测电路

$$I_9 = U_3/R_5 \qquad (3-37)$$

$$I_8 = I_2 + I_5 \qquad (3-38)$$

1) 当半球谐振子静止时，其与电极之间的间隔不变，电容传感器 C_1 保持不变，输出的电流为 0，则信号检测电路的输出电压 U_{out} 也为 0。

2) 当半球谐振子振动时，电容传感器 C_1 感应的电容会随着振动而变化

$$C_1 = \frac{\dfrac{\varepsilon_0}{2}}{\left(\dfrac{V}{d}\right)^2} \qquad (3-39)$$

式中　V ——电容极板间的电压；

　　　d ——极板间的距离；

　　　ε_0——介电常数。

电流 I_1 可以用 C_1 上电荷与时间的微分表示，式（3-40）是用 1 阶常微分方程表示了极板两边电荷的变化量[3]

$$I_1 = \frac{dQ}{dt} = \frac{U}{R_5} - Q\frac{d_0 - \Delta d\sin(2\pi f t)}{\varepsilon_0 R_5 S} \qquad (3-40)$$

式中　Q ——极板 C_1 上的瞬时电荷；

　　　d_0——极板静态间距；

　　　Δd ——间隙变化幅值；

　　　S ——检测电容两极板的正对面积。

由此可得信号检测电路的输出 U_{out}，并将此电压信号作为半球谐振陀螺控制电路信号处理部分的输入。

3.4.2　差分输入调理电路

半球谐振陀螺敏感器输出采用电压差分信号，在长线传输过程中对称的同相端和反相

端接收到相同的干扰信号，即共模干扰信号，因此需要经过差分调理电路，以抑制共模干扰信号，增强同相端和反相端有用的陀螺差模信号。

差分输入调理电路包括差分电路和带通滤波电路。前者完成敏感陀螺信号的还原，后者对陀螺谐振信带以外的频率进行滤除。

差分电路作为控制电路与陀螺敏感器的接口电路，主要是通过运算放大器把差分信号还原为陀螺敏感到的原始信号，然后通过带通滤波器对频率进行简单的滤波处理，以提高陀螺信号的信噪比。假定陀螺信号经理想简化后为：

信号类型：波节点差分信号 sin＋、sin－；波腹点差分信号 cos＋、cos－；

电压范围：－5 V～＋5 V；

频率范围：3 kHz～6 kHz。

选用四运算放大器 OP470 组成差分输入调整电路，如图 3－14 所示，其中 A 区域为差分放大电路，其功能为放大输入信号 U_1、U_2 的差值，其增益表达式为

$$K = \frac{R_F}{R_G}$$

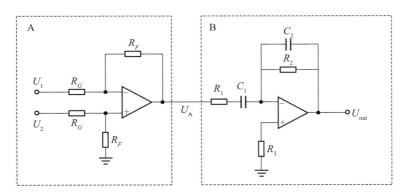

图 3－14　差分输入滤波电路

两组输入信号（cos＋、cos－和 sin＋、sin－）的每组信号中的两个信号相位相反，幅度相同。

B 区域为一阶带通滤波器电路，为了不影响有效信号，该带通频率设计得很宽。其中低通带通频率为

$$F_L = \frac{1}{2\pi R_2 C_2} \qquad (3-41)$$

高通带通频率为

$$F_H = \frac{1}{2\pi R_1 C_1} \qquad (3-42)$$

根据需要对 R_1、R_2、C_1、C_2 进行设置，可以设置带通频率范围：$F_L < f < F_H$。

3.4.3　过零比较电路

半球谐振陀螺敏感信号是调制在陀螺谐振子的谐振频率上，信号检测电路输出表现为

经过敏感信号调制的正弦波，因而需要经过解调获得有用信号。不管采用相干解调或者是非相干解调，解调时所用的标准本地载波与陀螺谐振子的谐振频率和相位越接近，解调滤波后得到的信号信噪比越高。

过零比较电路的功能是把 x 信号（0 度电极轴幅值信号）与 0 V 信号比较，输出为过零比较信号，表征为与输入信号频率相同的方波。此方波可用来对信号进行解调，假定有周期为 T（角频率 ω）的 50％占空比方波信号

$$f(t) = \begin{cases} -E/2, & -T/2 \leqslant t < 0 \\ E/2, & 0 \leqslant t \leqslant T/2 \end{cases} \tag{3-43}$$

其傅里叶级数展开式为

$$f(t) = \frac{2E}{\pi}\left(\sin\omega t + \frac{1}{3}\sin 3\omega t + \frac{1}{5}\sin 5\omega t + \cdots + \frac{1}{n}\sin n\omega t + \cdots\right), n = 1,3,5\cdots \tag{3-44}$$

解调时，高次谐波与被解调相乘，仍然是角频率大于 ω 的信号，但经过低通滤波器后将被滤除，因而它们的影响可以忽略。另外比较电路的输出 E 也可认为是常值，将解调用的方波近似认为 $f(t) \approx K\sin\omega t$ 且与被解调信号同频同相（或同频反相，这与所采用的比较器为同相型或反相型相关）。选用低功率双路电压比较器 LM193 组成过零比较电路，被解调的陀螺信号经 U_{in} 端输入到 LM193 正极与负极的零电压做比较，生成方波输出。过零比较电路如图 3-15 所示。

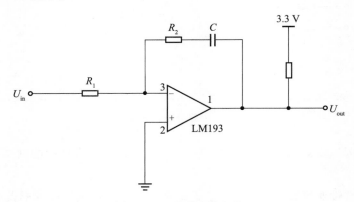

图 3-15　过零比较电路

其中 R_1、R_2 和 C 构成正反馈网络，组成迟滞比较器，防止在过零点附近多次触发。R_3 为上拉电阻被连接到 3.3 V 电源组成 OC 门以输出高电平，增加输出能力。

上例中采用的过零比较电路为同相型迟滞比较器，也即同相型施密特触发器。同相型施密特触发器电路的基本电路结构及传输特性如图 3-16 所示。

根据叠加定理，运放同相端电压 U_+ 为

$$U_+ = \frac{U_{out}R_2}{(R_1 + R_2)} + \frac{U_i R_1}{(R_1 + R_2)} \tag{3-45}$$

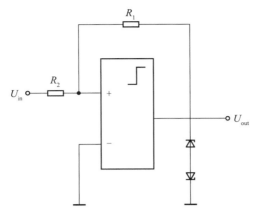

(a) 电路结构

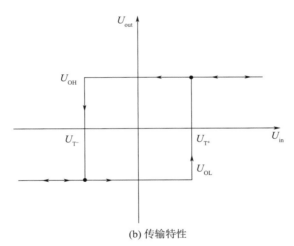

(b) 传输特性

图 3 - 16 同相型施密特触发器及其传输特性

U_{out} —输出信号电压；U_{OL} —输出信号低电平；U_{OH} —输出信号高电平

当 $U_+ < 0$，$U_{out} = U_{OL}$；$U_+ > 0$，$U_{out} = U_{OH}$。将此代入式（3-45），可得上门限和下门限

$$U_{T+} = -U_{OL} \frac{R_2}{R_1}, U_{OL} < 0$$

$$U_{T-} = -U_{OH} \frac{R_2}{R_1}, U_{OH} > 0$$

（3 - 46）

迟滞传输特性的回差为

$$\Delta U = U_{T+} - U_{T-} = (U_{OH} - U_{OL}) \frac{R_2}{R_1}$$

（3 - 47）

回差的大小影响生成的方波与被解调信号的相位偏差。回差越小，相位偏差越小，但不是越小越好，当回差太小时，噪声使过零点附近多次触发比较输出，因此需要平衡考

虑。但从长时间来看，回差大小并不影响产生的方波跟踪被解调信号频率的准确性。

3.4.4　A/D 转换电路

由信号采集电路获取得到的振动模拟信号通过 ADC 采样转变为数字信号，ADC 选用 AD 公司生产的 AD7665，精度为 16 bit，转换速率为 500 kSPS。图 3-17 为 AD7665 的连线和配置图。

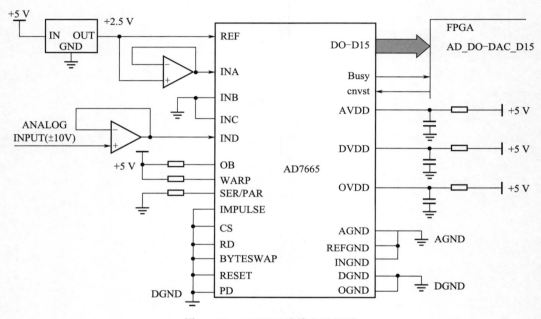

图 3-17　AD7665 连线和配置图

输入信号跟踪器（运算放大器）输出的±10V 正弦模拟信号，从 IND 引脚进入 A/D 转换器，输入电压范围设置是通过 REF、INA、INC 和 INB 引脚连接而设定的。当 INC 和 INB 接地时

$$U_{IN} = \pm 4 \times U_{REF}$$

当 REF 引脚连接+2.5 V 参考电压时，输入电压范围 U_{IN} 为±10 V。

3.4.5　数字信号处理电路

数字信号处理电路是半球谐振陀螺控制电路的核心部分，其完成所有信号的计算处理，生成闭环控制信号。根据需要处理信号的计算复杂程度、处理时间和经济成本等需求，结合 FPGA 逻辑时序，根据 DSP、ARM 算法处理能力强的特点，可以选用 DSP、FPGA 及 ARM 中的一种或多种来实现数字信号处理功能。

（1）DSP 实现

DSP 具有强大的数据及算法处理能力，可在一个指令周期内完成乘/除法指令，其指令执行时间是单周期，采用流水线方式，内部的数据、地址、指令及 DMA 总线分开执行。由于其处理时间存在不确定性，时间控制灵活性及并行处理性能不及 FPGA，因而其主要用于算法复杂且数据运算量大的场合。

（2）ARM 实现

ARM 微处理器外围接口丰富、通用性强。作为平台，可运行 Linux 操作系统，具有较强的事务处理能力和控制能力，且功耗低，因而其适合具有接口复杂多样的逻辑控制及较多数据处理的场合。

（3）FPGA 实现

主流 FPGA 的实现基于查找表结构，有极大的灵活性，设计完成后，内部逻辑电路各单元的运行时间是确定的，其时序控制优于 DSP 和 ARM；数据处理可以并行也可以串行处理，可以从资源与速度中作出选择，集成度高，但灵活性不及 DSP 和 ARM，成本也比 DSP 和 ARM 高，只适合于小批量的全定制和半定制电路。

（4）FPGA＋DSP/ARM＋DSP 实现

对于同时要求进行复杂的数据处理和较强时序逻辑控制的场合，数字信号处理系统可使用 FPGA＋DSP/ARM＋DSP 处理器的构架（图 3-18），选择 FPGA 或 ARM 作为主控制器，DSP 作为数据处理的从单元：在要求时序严格、速度高时用 FPGA；在要求接口丰富、事务处理能力高时用 ARM；在时序要求不高的复杂数据处理算法中用 DSP 处理器。

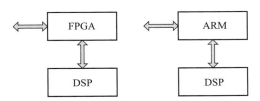

图 3-18　FPGA＋DSP/ARM＋DSP 处理器的构架

图 3-19 是完成数字信号处理功能的 FPGA 与周边芯片的连接方法示例，包括数模/模数转换，通信、存储功能，是一个最小 FPGA 数字系统处理电路。FPGA 选用 Actel 公司 ProASIC3 系列的 A3P1000 PQ208I，该 FPGA 拥有 100 万个逻辑单元，154 个用户 I/O 接口，其周围电路相对于 XILINX 等更简单，只需要供电即可，无需另外添加配置芯片。

FPGA 供电电压包括三类：核心电压（U_{CCINT}）、IO 电压（U_{CCIO}）、辅助电压（如 U_{CCAUX}，U_{BAT} 等）。核心电压由芯片制造工艺确定，需要查阅所选芯片的数据手册。IO 电压可配置多种电平，以满足 FPGA 周围电路的连接需求。而辅助电压是满足特定需求时所设定的电压（可查阅所选芯片的数据手册）。

当需要复杂的算法处理及需要进行大数据量的数据运算时，可在图 3-19 所示的最小数字信号处理电路的外周添加 DSP 进行专门的数据和算法处理，这样 FPGA 只进行时序逻辑控制和数据的调度，数据和算法处理由 DSP 来完成，从而简化算法修改的复杂度，缩短调试时间。DSP 处理器可选用如 TI 公司的 TMS320VC33，其结构如图 3-20 所示。

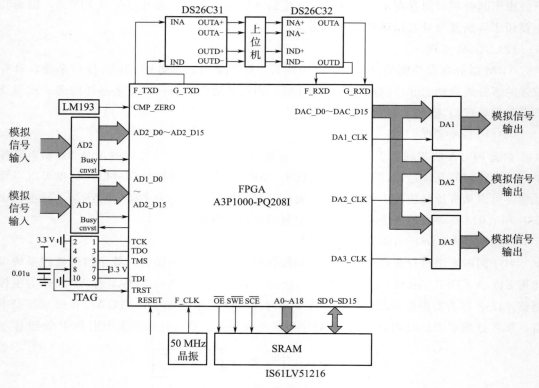

图 3 - 19　数字信号处理电路

3.4.6　高精度 D/A 转换电路

D/A 转换电路是将 FPGA 最终输出的控制数字信号转化为模拟信号，并通过半球谐振陀螺控制系统，实现对半球谐振陀螺施加控制作用。根据输出类型包括电流输出型和电压输出型。

（1）电流输出型

如 AD 公司生产的 AD768，位度为 16 bits，转换速率为 30 MSPS。

AD768 是电流输出型 DAC，满量程对应 20 mA 电流和 1 kΩ 输出阻抗。

在输出电路中 $R_{REF} = 500\ \Omega$，$R_{BF} = 1\ 000\ \Omega$，$R_{BIPOLAR} = 1\ 000\ \Omega$

$$I_{OUT} = \frac{DAC\_CODE}{65\ 536} \times I_{REF} \times 4 \tag{3-48}$$

其中，DAC_CODE 为 FPGA 对 DAC 输出的 16 bit 二进制代码，即 0～65 536。

$$I_{REF} = \frac{V_{REF}}{R_{REF}} \tag{3-49}$$

REFOUT 引脚上有内置参考电压 $V_{REF} = +2.5\ V$，由式（3-49）可知，当 $R_{REF} = 500\ \Omega$，可以算出 $I_{REF} = 0.005\ A$，可以推算出 DAC_CODE（0～65 536 时）对应的输出电流为 0～20 mA（电流方向如图 3-21 中的 I_{OUT} 所示）。

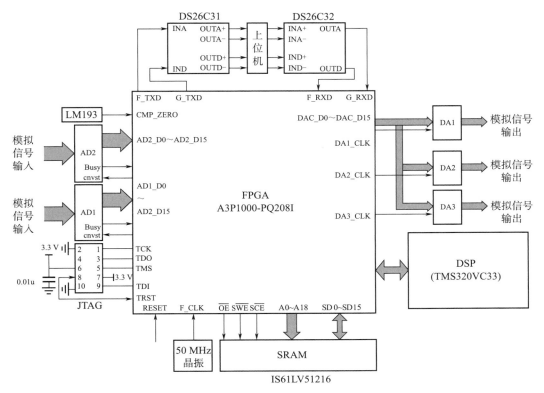

图 3 - 20　FPGA＋DSP 构型的数字信号处理电路

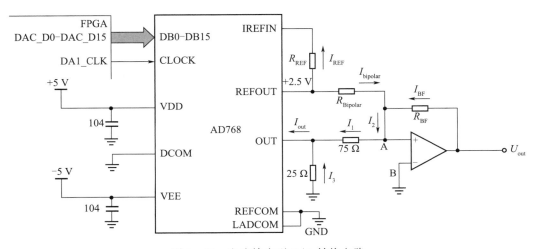

图 3 - 21　电流输出型 D/A 转换电路

图 3 - 21 所示的输出电路的设计是为了使 DAC＿CODE 为 0～65 536 时，对应电压输出 U_{OUT} 为：$-2.5～+2.5$ V。

因为 A 点与 B 点虚短，则有 A 点电压为 0

$$I_{\text{OUT}} = I_1 + I_3 \qquad\qquad (3-50)$$

$$I_{\text{bipolar}} = \frac{2.5 \text{ V}}{1\ 000\ \Omega} = 2.5 \text{ mA} \tag{3-51}$$

当 DAC_CODE 为 0 时，$I_{\text{OUT}} = 0$ mA，$I_3 = I_1 = 0$ mA。

又

$$I_2 = I_{\text{bipolar}} + I_{\text{BF}} \tag{3-52}$$

$$I_1 = I_2 = 0 \text{ mA} \tag{3-53}$$

求出

$$I_{\text{BF}} = I_1 - I_{\text{bipolar}} = 0 - 2.5 = -2.5 \text{ mA} \tag{3-54}$$

$$U_{\text{OUT}} = I_{\text{BF}} \times R_{\text{BF}} = -2.5 \text{ V} \tag{3-55}$$

当 DAC_CODE 为满量程时，$I_{\text{OUT}} = 20$ mA，因为 I_1 和 I_3 经过的电阻比例为 3 : 1，所以 $I_1 = 5$ mA。

又

$$I_2 = I_{\text{bipolar}} + I_{\text{BF}} \tag{3-56}$$

$$I_1 = I_2 \tag{3-57}$$

求出

$$I_{\text{BF}} = I_1 - I_{\text{bipolar}} = 5 - 2.5 = 2.5 \text{ mA} \tag{3-58}$$

$$U_{\text{OUT}} = I_{\text{BF}} \times R_{\text{BF}} = 2.5 \text{ V} \tag{3-59}$$

所以，DAC_CODE 为 0~65 536 时，电流输出型 D/A 通过转换电路后，得到对应电压输出 U_{OUT} 为：-2.5~$+2.5$ V。

（2）电压输出型

如 LTC（Linear Technology Corporation）公司生产的 LTC1821，位度为 16 bits，以电压为 ±5 V 供电时的典型转换速率为 14 V/us，以电压 ±15 V 供电时的典型转换速率为 20 V/us。

LTC1821 是电压输出型 DAC，满量程输出电压范围可以为 0~10 V、0~−10 V、−10~+10 V，根据需要通过引脚 R1、ROFS、RCOM、REF、R_{FB} 的不同连接实现不同的电压输出范围，如图 3-22 所示连接实现 ±10 V 的电压输出范围。

3.4.7　高压驱动电路

高压驱动是控制环路所有信号输出的最后阶段，信号需要 100V 甚至更高电压，放大输出到半球谐振陀螺谐振子激励罩的激励点上，用于控制谐振子维持所需振型。高压驱动电路模块与 D/A 转换电路相连，将控制信号放大相应倍率，并且可以通过更改倍率实现控制电路指标参数的更改。

图 3-23 是三极管的负反馈电路和同比例运算电路的组合。100 V 电压流经 R_5、R_4、R_3 到地，所以可以根据 V_a（运算放大器正级 U_+）电压，计算出 U_+ 与输入信号 U_- 之差。当 V_{in} 变小时，U_+ 和 U_- 差值变大，运放输出也变大，NPN 三级的基极 I_b 变大，I_e 也相应变大，V_c 减小；当 V_{in} 变大时，U_+ 和 U_- 差值变小，运放输出也变小，NPN 三级的基极 I_b 变小，I_e 也相应变小，V_c 减大。整个电路输出

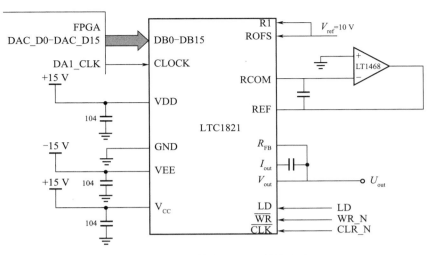

图 3-22　电压输出型 D/A 转换电路

$$V_{\text{out}} = V_{\text{in}} \left(1 + \frac{R_4}{R_3} \right) \qquad (3-60)$$

此时电路实现了对输入信号的放大，放大倍数为

$$K = \left(1 + \frac{R_4}{R_3} \right) \qquad (3-61)$$

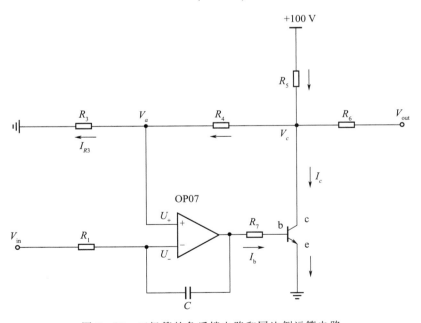

图 3-23　三极管的负反馈电路和同比例运算电路

参 考 文 献

［1］ 高胜利．半球谐振陀螺分析与研究［D］．哈尔滨：哈尔滨工程大学，2008．

［2］ 雷霆．半球谐振陀螺控制技术研究［D］．重庆：重庆大学，2006．

［3］ 张岚昕，赵万良，李绍良，成宇翔，王伟．半球谐振陀螺全角模式信号处理与控制方法［J］．导航定位与授时，2019.3，6（2）：98－103．

［4］ В А 马特维耶夫，В И 利帕特尼科夫，А В 阿廖欣，М А 巴萨拉布，В Ф 克拉夫琴科．固体波动陀螺［M］．北京：国防工业出版社，2009：17－41．

［5］ IEEE Standard specification format guide and test procedure for coriolis vibratory gyros. IEEE，Std：1431－2004．

［6］ 半球谐振陀螺误差建模补偿与力平衡控制方法研究［D］．国防科学技术大学，2012．

［7］ 王旭，吴文启，方针，等．力平衡模式下半球谐振陀螺正交误差控制［J］．仪器仪表学报，2012，33（4）：936－941．

［8］ 刘宇，刘松，彭慧，等．力平衡模式下半球谐振陀螺数字控制回路设计［J］．压电与声光，2015，37（5）：899－903．

［9］ FRIEDLAND，B，HUTTON，M F．Theory and error analysis of vibrating－member gyroscope［J］．IEEE Transactions on Automatic Control，1978，23（4）．

［10］ LOVEDAY P W，ROGERS C A．The influence of control system design on the performance of vibratory gyroscopes［J］．Journal of Sound and Vibration，2002，255（3）：417－432．

［11］ 高胜利，吴简彤．基于轨迹图法的半球谐振陀螺动力学模型描述［J］．中国惯性技术学报，2007，15（5）：589－592．

［12］ LYNCH，D. Vibratory gyro analysis by the method of averaging，Proc. 2nd St. Petersburg Conf. on gyroscopic technology and navigation，St. Petersburg，Russia，1995，5：26－34．

［13］ ZHURAVLEV V P. Hemispherical resonator gyro with m data electrodes and n control electrodes［J］．Mechanics of Solids，2015，50（4）：375－378．

［14］ YUN L，BING L，XU W，et al. Quadrature control of hemispherical resonator gyro based on FPGA［C］//International Conference on Electronic Measurement & Instruments. IEEE，2011．

［15］ ZHBANOV，YU K. Self－tuning contour of quadraturesuppression in a hemispherical resonator gyroscope，giroskop［J］．Navig，2007，（2）：37－42．

［16］ 雷霆，彭慧，丁芩华，江黎，方针．半球陀螺微振动电容检测模型与分析［J］．压电与声光，2011，33（1）：34－37

第 4 章　半球谐振陀螺温度误差机理及抑制技术

4.1　温度误差机理

　　传统的转子式惯性仪表，在温度物理场作用下，其转子或轴承尺寸的局部应力会发生变化，在电磁场作用下其控制电路会产生干扰力矩，而这些变化都会对仪表精度产生影响。即使是当前使用最多的光纤陀螺也受到两类物理场的影响：一类是光纤陀螺外部环境的物理场，有温度场、磁场、应力场和声场等；另一类是光纤陀螺自身内部的物理场，有光场和电磁场等。同样，物理场也会对半球谐振陀螺的性能产生影响，影响其性能的物理场主要有温度场、应力场、声场和电磁场等，其中温度场起主导作用[2-3]。

　　温度误差是制约陀螺精度的关键因素[4-6]，半球谐振陀螺中对温度敏感的组件有陀螺表头和控制电路两部分。温度误差主要包含两个部分：

　　1）陀螺表头温度误差：半球谐振陀螺正常工作时，外部环境温度变化以及陀螺谐振子振动发热均会引起陀螺温度发生改变。一方面，当谐振子温度改变时，谐振子的弹性模量、泊松比、材料密度、膜层应力等参数均会产生影响，从而引起陀螺数学模型发生改变，使驱动控制和检测环节产生较大误差；另一方面，陀螺温度变化时，谐振子刚度系数以及陀螺谐振腔内阻尼系数会发生相应改变，引起谐振频率发生改变以及导致谐振子品质因数（Q 值）发生改变，进一步影响到陀螺的精度[7-8]。

　　2）陀螺控制电路温度误差：数字控制电路在陀螺启动后，不可避免地会产生热量，并且电路板是安装在较为封闭且狭小的壳体内，所产生的热量不易及时耗散，导致电路温度上升，从而引起电路测量输出的温度误差。电路从冷启动到热平衡，温度随周围环境温度变化而发生变化，使电路中所用元器件的性能参数发生改变，从而引入测量误差[9-10]。

　　半球谐振陀螺温度误差的抑制方法包括温度稳定法和温度补偿法。温度稳定法按照加热类型可分为单向温控和双向温控，无论单向温控还是双向温控，根据电路形式又可分为模拟式温控和数字式温控。

4.2　陀螺表头的温度特性

4.2.1　热膨胀效应

　　由于物体内部存在内能，物体的每个粒子都在不停振动。当物质受热时，温度升高，每个粒子的热能增大，导致振幅随之增大，因（非简谐）力相互结合的两个原子之间的距离也随之增大，物体体积随温度改变而发生的变化现象称为热膨胀效应。热膨胀系数是衡量材料热稳定性优劣的重要指标。热膨胀系数有线膨胀系数 α、面膨胀系数 β 和体膨胀系数 γ，具体公式如下。

线膨胀系数

$$\alpha = \Delta L / (L \times \Delta T)$$

面膨胀系数

$$\beta = \Delta S / (S \times \Delta T)$$

体膨胀系数

$$\gamma = \Delta V / (V \times \Delta T)$$

式中　L、S 和 V ——分别为物体初始长度、面积和体积；

　　　ΔL、ΔS 和 ΔV ——分别为当物体温度发生变化 ΔT 时，物体的长度、面积和体积的变化量。

热膨胀系数随温度变化而变化。以线膨胀系数为例，表示当温度升高 1 ℃时，物体的相对伸长量。

若 L_1 为原始长度，L_2 为升温后的长度，则 $\Delta L = (L_2 - L_1)$ 为长度形变量；

若 T_1 为原始温度，T_2 为升温后的温度，则 $\Delta T = (T_2 - T_1)$ 为温度变化量。

因此，热膨胀系数为

$$\alpha = (L_2 - L_1) / [L \times (T_2 - T_1)] \tag{4-1}$$

谐振子的线膨胀会引起谐振子泊松比的变化，谐振子的面膨胀会引起谐振子的球面半径和厚度变化，谐振子的体膨胀会引起谐振子材料的密度和膜层应力的变化。

4.2.2　谐振频率与温度的关系

温度变化会造成半球谐振子材料的密度、弹性模量、泊松比、球面半径和厚度、膜层应力等方面的变化，这些变化都会引起半球谐振子固有频率变化，从而导致陀螺出现温度误差。

谐振频率与温度的关系可基于能量法进行确定[11-12]，具体如下所述。

如图 4-1 所示，在笛卡尔坐标系中原点与球心重合。假设半球谐振子具有各向同向性，且开口端满足自由边界条件。当半球壳体不旋转时，谐振子处于 $n = 2$ 的四波腹振动状态，在正交误差得到抑制的条件下，谐振子中只存在驻波，不存在行波，即

$$\begin{cases} u(\varphi, \theta, t) = U(\varphi)[C(t)\cos n\theta + S(t)\sin n\theta] \\ v(\varphi, \theta, t) = V(\varphi)[C(t)\sin n\theta - S(t)\cos n\theta] \\ w(\varphi, \theta, t) = W(\varphi)[C(t)\cos n\theta + S(t)\sin n\theta] \end{cases} \tag{4-2}$$

同时满足如下条件

$$\begin{cases} C(t) = \cos\omega_n t \\ S(t) = 0 \end{cases} \tag{4-3}$$

ω_n 为半球谐振子的频率，其上任意一点的振动位移具有如下形式（纯驻波）

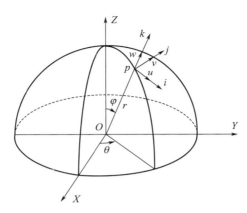

图 4 - 1　半球谐振子壳体中面示意图

r —谐振子中半径；h —厚度；ρ —密度；θ —经度角；φ —纬度角

$$
\begin{cases}
u(\varphi,\theta,t) = U(\varphi)\cos n\theta\cos\omega_n t \\
v(\varphi,\theta,t) = V(\varphi)\sin n\theta\cos\omega_n t \\
w(\varphi,\theta,t) = W(\varphi)\cos n\theta\cos\omega_n t
\end{cases}
\tag{4-4}
$$

壳体所具有的动能可以表示为

$$
K = \frac{1}{2}r^2\rho h \int_0^{\pi/2}\int_0^{2\pi}(\dot{u}^2+\dot{v}^2+\dot{w}^2)\sin\varphi\,\mathrm{d}\varphi\,\mathrm{d}\theta
\tag{4-5}
$$

弹性势能为

$$
\begin{aligned}
U = \frac{Eh}{2(1-\mu^2)}\int_0^{2\pi}\int_0^{\pi/2}&\left[\left(\varepsilon_\varphi^2+\varepsilon_\theta^2+2\mu\varepsilon_\varphi\varepsilon_\theta+\frac{1-\mu}{2}\omega_{\varphi\theta}^2\right)+\right.\\
&\left.\frac{h^2}{12}(\chi_\varphi^2+\chi_\theta^2+2\mu\chi_\varphi\chi_\theta+2(1-\mu)\chi_{\varphi\theta}^2)\right]r^2\sin\varphi\,\mathrm{d}\varphi\,\mathrm{d}\theta
\end{aligned}
\tag{4-6}
$$

式（4-6）中半球壳的中面应变量和曲率改变量分别为

$$
\begin{aligned}
\varepsilon_\varphi &= \frac{1}{r}\left(w+\frac{\partial u}{\partial\varphi}\right) \\
\varepsilon_\theta &= \frac{1}{r}\left[\frac{\partial v}{\partial\theta}\frac{1}{\sin\varphi}+u\cdot\cot(\varphi)+w\right] \\
\omega_{\varphi\theta} &= \frac{1}{r}\left[\frac{\partial u}{\partial\theta}\frac{1}{\sin\varphi}+\frac{\partial v}{\partial\varphi}-v\cdot\cot(\varphi)\right] \\
\chi_\varphi &= \frac{1}{r^2}\left(\frac{\partial u}{\partial\varphi}-\frac{\partial^2 w}{\partial\varphi^2}\right) \\
\chi_\theta &= \frac{1}{r^2\sin\varphi}\left(-\frac{\partial^2 w}{\partial\theta^2}\frac{1}{\sin\varphi}+\frac{\partial v}{\partial\theta}-\frac{\partial w}{\partial\varphi}\cos\varphi+u\cos\varphi\right) \\
\chi_{\varphi\theta} &= \frac{1}{r^2\sin\varphi}\left[\left(-\frac{\partial^2 w}{\partial\varphi\partial\theta}+\frac{\partial w}{\partial\theta}\cot\varphi\right)+\frac{\partial u}{\partial\theta}+\frac{\partial v}{\partial\varphi}\sin\varphi-v\cos\varphi\right]
\end{aligned}
\tag{4-7}
$$

对于顶端开口壳体的弯曲振动，在小挠度的情况下，壳体近似满足瑞利不扩张条件，壳体的正应变和剪切应变为 0，即：

$$\varepsilon_\varphi = \varepsilon_\theta = \omega_{\varphi\theta} = 0 \tag{4-8}$$

将式（4-7）前三项代入式（4-8）可得

$$\begin{cases} U(\varphi) = C\sin\varphi\tan^n\dfrac{\varphi}{2} \\[2mm] V(\varphi) = C\sin\varphi\tan^n\dfrac{\varphi}{2} \\[2mm] W(\varphi) = -C(n+\cos\varphi)\tan^n\dfrac{\varphi}{2} \end{cases} \tag{4-9}$$

式中　C——任意常数。

将式（4-9）代入式（4-4），则式（4-4）变为

$$\begin{cases} u = C\sin\varphi\tan^n\dfrac{\varphi}{2}\cos n\theta\cos\omega_n t \\[2mm] v = C\sin\varphi\tan^n\dfrac{\varphi}{2}\sin n\theta\cos\omega_n t \\[2mm] w = -C(n+\cos\varphi)\tan^n\dfrac{\varphi}{2}\cos n\theta\cos\omega_n t \end{cases} \tag{4-10}$$

对 u、v、w 分别求导可得

$$\begin{cases} \dot{u} = -C\omega_n\sin\varphi\tan^n\dfrac{\varphi}{2}\cos n\theta\sin\omega_n t \\[2mm] \dot{v} = -C\omega_n\sin\varphi\tan^n\dfrac{\varphi}{2}\sin n\theta\sin\omega_n t \\[2mm] \dot{w} = -C\omega_n(n+\cos\varphi)\tan^n\dfrac{\varphi}{2}\cos n\theta\sin\omega_n t \end{cases} \tag{4-11}$$

将式（4-11）代入到式（4-5），得到谐振子动能表达式为

$$\begin{aligned} K &= \frac{1}{2}r^2\rho h\int_0^{\pi/2}\int_0^{2\pi}(\dot{u}^2+\dot{v}^2+\dot{w}^2)\sin\varphi\mathrm{d}\varphi\mathrm{d}\theta \\[2mm] &= \frac{1}{2}\omega_n^2\pi C^2\rho h\left[r\sin(\omega_n t)\right]^2\int_0^{\pi/2}\left[(n+\cos\varphi)^2+2\sin^2\varphi\right]\sin\varphi\tan^{2n}\frac{\varphi}{2}\mathrm{d}\varphi \end{aligned} \tag{4-12}$$

当 $\sin^2\omega_n t = 1$ 时，谐振子的动能可以取得最大值

$$K_{\max} = \frac{1}{2}\omega_n^2\pi C^2\rho h r^2\int_0^{\pi/2}\left[(n+\cos\varphi)^2+2\sin^2\varphi\right]\sin\varphi\tan^{2n}\frac{\varphi}{2}\mathrm{d}\varphi \tag{4-13}$$

依据式（4-8）的假设，壳体的正应变和剪切应变为 0，因此壳体势能表达式（4-6）可以简化为

$$U = \frac{Eh}{2(1-\mu^2)}\int_0^{2\pi}\int_0^{\pi/2}\left[\frac{h^2}{12}(\chi_\varphi^2+\chi_\theta^2+2\mu\chi_\varphi\chi_\theta+2(1-\mu)\chi_{\varphi\theta}^2)\right]r^2\sin\varphi\mathrm{d}\varphi\mathrm{d}\theta \tag{4-14}$$

将 u、v、w 分别对 φ、θ 求导，可得

$$
\begin{cases}
\dfrac{\partial u}{\partial \varphi} = C\cos(n\theta)\sin(\omega_n t)\left[\cos\varphi \, \tan^n \dfrac{\varphi}{2} + \dfrac{n}{2}\sin\varphi \, \tan^{n-1}\dfrac{\varphi}{2}\sec^2\dfrac{\varphi}{2}\right] \\[2mm]
\dfrac{\partial u}{\partial \theta} = -nC\sin\varphi \, \tan^n \dfrac{\varphi}{2}\sin(n\theta)\sin(\omega_n t) \\[2mm]
\dfrac{\partial v}{\partial \varphi} = C\sin(n\theta)\sin(\omega_n t)\left[\cos\varphi \, \tan^n \dfrac{\varphi}{2} + \dfrac{n}{2}\sin\varphi \, \tan^{n-1}\dfrac{\varphi}{2}\sec^2\dfrac{\varphi}{2}\right] \\[2mm]
\dfrac{\partial v}{\partial \theta} = nC\sin\varphi \, \tan^n \dfrac{\varphi}{2}\cos(n\theta)\sin(\omega_n t) \\[2mm]
\dfrac{\partial w}{\partial \varphi} = -C\cos(n\theta)\sin(\omega_n t)\left[\sin\varphi \, \tan^n \dfrac{\varphi}{2} + \dfrac{n}{2}\cos\varphi \, \tan^{n-1}\dfrac{\varphi}{2}\sec^2\dfrac{\varphi}{2}\right] \\[2mm]
\dfrac{\partial w}{\partial \theta} = nC(n+\cos\varphi)\tan^n \dfrac{\varphi}{2}\sin(n\theta)\sin(\omega_n t) \\[2mm]
\dfrac{\partial^2 w}{\partial \varphi^2} = -C\cos(n\theta)\sin(\omega_n t)\left[\cos\varphi \, \tan^n \dfrac{\varphi}{2} + \dfrac{n}{2}\tan^{n-2}\dfrac{\varphi}{2}\sec^3\dfrac{\varphi}{2}\left(\dfrac{n-1}{2}\cos\varphi\sec\dfrac{\varphi}{2} - \cos\varphi\tan\dfrac{\varphi}{2}\right)\right] \\[2mm]
\dfrac{\partial^2 w}{\partial \theta^2} = n^2 C(n+\cos\varphi)\tan^n \dfrac{\varphi}{2}\sin(\omega_n t)\cos(n\theta) \\[2mm]
\dfrac{\partial^2 w}{\partial \varphi \partial \theta} = -nC\sin(n\theta)\sin(\omega_n t)\left[\sin\varphi \, \tan^n \dfrac{\varphi}{2} - \dfrac{n}{2}\right]
\end{cases}
\tag{4-15}
$$

将以上各式代入式（4-7）后三项，得到 χ_φ、χ_θ、$\chi_{\varphi\theta}$ 的值分别为

$$
\begin{cases}
\chi_\varphi = -\dfrac{1}{r^2}nC\sin\omega_n t \, \tan^n \dfrac{\varphi}{2}\dfrac{1-n^2}{\sin^2\varphi}\cos n\theta \\[2mm]
\chi_\theta = \dfrac{1}{r^2}nC\sin\omega_n t \, \tan^n \dfrac{\varphi}{2}\dfrac{1-n^2}{\sin^2\varphi}\cos n\theta = -\chi_\varphi \\[2mm]
\chi_{\varphi\theta} = \dfrac{1}{r^2}nC\sin\omega_n t \, \tan^n \dfrac{\varphi}{2}\dfrac{1-n^2}{\sin^2\varphi}\sin n\theta
\end{cases}
\tag{4-16}
$$

由此得到壳体的势能

$$
\begin{aligned}
U &= \frac{Eh}{2(1-\mu^2)}\int_0^{2\pi}\int_0^{\pi/2}\left[\frac{h^2}{12}(\chi_\varphi^2 + \chi_\theta^2 + 2\mu\chi_\varphi\chi_\theta + 2(1-\mu)\chi_{\varphi\theta}^2)\right]r^2\sin\varphi \, \mathrm{d}\varphi \, \mathrm{d}\theta \\[2mm]
&= \frac{\pi C^2 h^3 E}{6(1+\mu)r^2}n^2(n^2-1)^2\sin^2\omega_n t\int_0^{\pi/2}\sin^{-3}\varphi\tan^{2n}\frac{\varphi}{2}\mathrm{d}\varphi
\end{aligned}
\tag{4-17}
$$

根据式（4-13）和式（4-17）中，得到壳体的动能和弹性势能的最大值分别为

$$
\begin{cases}
K_{\max} = \dfrac{1}{2}\omega_n^2\pi C^2 r^2\rho h\displaystyle\int_0^{\pi/2}\left\{(n+\cos\varphi)^2 + 2\sin^2\varphi\right\}\sin\varphi\tan^{2n}\dfrac{\varphi}{2}\mathrm{d}\varphi \\[2mm]
U_{\max} = \dfrac{\pi C^2 h^3 E}{6(1+\mu)r^2}n^2(n^2-1)^2\displaystyle\int_0^{\pi/2}\sin^{-3}\varphi\tan^{2n}\dfrac{\varphi}{2}\mathrm{d}\varphi
\end{cases}
\tag{4-18}
$$

利用 $K_{\max} = U_{\max}$，可以求得半球壳的谐振频率为

$$\omega_n = \frac{n(n^2-1)h}{r^2} \left(\frac{E}{3(1+\mu)\rho} \frac{\int_0^{\pi/2} \sin^{-3}\varphi \tan^{2n}\frac{\varphi}{2}\mathrm{d}\varphi}{\int_0^{\pi/2}[(n+\cos\varphi)^2+2\sin^2\varphi]\sin\varphi\tan^{2n}\frac{\varphi}{2}\mathrm{d}\varphi} \right)^{1/2}$$

$$(4-19)$$

在式 (4 – 19) 中，令

$$I(n) = \int_0^{\pi/2} \sin^{-3}\varphi \tan^{2n}\frac{\varphi}{2}\mathrm{d}\varphi$$

$$J(n) = \int_0^{\pi/2} \{(n+\cos\varphi)^2 + 2\sin^2\varphi\} \sin\varphi\tan^{2n}\frac{\varphi}{2}\mathrm{d}\varphi$$

$$(4-20)$$

则 I、J 都是 n 的慢变函数，其中

$$I(n) = \int_0^{\pi/2} \sin^{-3}\varphi \tan^{2n}\frac{\varphi}{2}\mathrm{d}\varphi = \frac{1}{4}\frac{2n^2-1}{n(n^2-1)} \qquad (4-21)$$

$$J(2) = 20\ln2 - 12\frac{1}{3} = 1.529\ 61$$

$$J(3) = 57\frac{1}{3} - 80\ln2 - =1.881\ 56$$

$$J(4) = 200\ln2 - 136\frac{1}{3} = 2.296\ 09$$

当谐振子处于 $n=2$ 的振动模态时，有

$$f = \omega_2 = 1.512\ 7\ \frac{h}{r^2}\left[\frac{E}{(1+\mu)\rho}\right]^{1/2} \qquad (4-22)$$

式中　f ——谐振子在某一温度下的谐振频率。

考虑到温度对谐振频率的影响，式 (4 – 22) 可以写为

$$f(T) = 1.5127\ \frac{h(T)}{r^2(T)}\left\{\frac{E(T)}{[1+\mu(T)]\rho(T)}\right\}^{1/2} \qquad (4-23)$$

由式 (4 – 23) 可知，半球谐振陀螺谐振子的谐振频率不仅仅与谐振子的杨氏模量 E 相关，还与其密度 ρ，材料的泊松比 μ，厚度 h 以及半径 r 相关。在这些量中，杨氏模量 E 受温度变化影响最大。如果逐项考虑温度影响，然后再联合起来分析各变化对谐振频率的影响，会使整个分析过程非常复杂。因此，对式 (4 – 23) 采用泰勒展开来分析温度变化对频率的影响。温度—频率函数 $f(T)$ 在某一温度点 T_0 展开成泰勒级数的形式可以写为

$$f(T) = f(T_0) + \frac{\partial f}{\partial T}\bigg|_{T=T_0}(T-T_0) + \frac{\partial^2 f}{2!\ \partial T^2}\bigg|_{T=T_0}(T-T_0)^2 + \cdots + \frac{\partial^n f}{n!\ \partial T^n}\bigg|_{T=T_0}(T-T_0)^n + \cdots$$

$$(4-24)$$

根据材料热力学的相关理论，石英晶体的谐振频率可为三阶多项式，高阶项可以忽略，因此，可得石英晶体的谐振频率为

$$f(T) = f(T_0) + \frac{\partial f}{\partial T}\bigg|_{T=T_0}(T-T_0) + \frac{\partial^2 f}{2!\ \partial T^2}\bigg|_{T=T_0}(T-T_0)^2 + \frac{\partial^3 f}{3!\ \partial T^3}\bigg|_{T=T_0}(T-T_0)^3$$

$$(4-25)$$

比较式（4-23）和式（4-25）可以发现，很难用解析的方法得到泰勒展开后各项的系数，因此工程中通常采用试验的方法来标定相关系数，并采用相应的温度补偿或温度控制来减小温度引起的误差。

4.2.3　陀螺零位的温度特性

由公式（3-4）知，在力平衡模式下，陀螺零位 b_0 由谐振子的振幅 A_0、阻尼不均匀 $\Delta\left(\dfrac{1}{\tau}\right)$、耗散角 θ_τ、频率 ω_0 等参数决定，即

$$b_0 = \Delta\left(\frac{1}{\tau}\right)A_0 \cdot \sin(4\theta_\tau)\omega_0 \tag{4-26}$$

若 θ_τ 较小，可将公式（4-26）改写为

$$b_0 \approx \Delta\left(\frac{1}{\tau}\right)A_0 \cdot 4\theta_\tau \cdot \omega_0 = 4\Delta\left(\frac{1}{\tau}\right)A_0 \cdot \theta_\tau \cdot \omega_0 \tag{4-27}$$

其中，阻尼不均匀 $\Delta\left(\dfrac{1}{\tau}\right)$、耗散角 θ_τ 与频率 ω_0 均随温度线性变化，振幅 A_0 由电路进行闭环控制，故可认为 A_0 不随温度变化，而频率 ω_0 的变化量通常较小，在计算零位变化时可以忽略。上述参数随温度 ΔT 的变化关系可以表示为

$$\Delta\left(\frac{1}{\tau}\right)(\Delta T) = \Delta\left(\frac{1}{\tau}\right)(1 + \gamma_1 \cdot \Delta T) \tag{4-28}$$

$$\theta_2(\Delta T) = (\theta_\tau)(1 + \gamma_2 \cdot \Delta T) \tag{4-29}$$

式中　γ_1——阻尼不均匀的温度系数；

　　　γ_2——耗散角的温度系数。

则公式（4-27）可以表示为随温度的变化关系

$$b = b_0(1 + \gamma_1\Delta T)(1 + \gamma_2\Delta T) = b_0(1 + \gamma_1\Delta T + \gamma_2\Delta T + \gamma_1\gamma_2\Delta T^2) \tag{4-30}$$

在温度量变化不大（$\Delta T < 100\ ℃$）的情况下，γ_1、γ_2 较大，其二次项不能忽略。

4.3　陀螺控制电路温度误差分析

半球谐振陀螺控制电路的性能决定了陀螺标度因数稳定性、标度因数线性度、随机漂移和常值漂移稳定性等性能参数。

半球谐振陀螺工作在力平衡模式时，半球谐振子的主振型需要维持在零进动状态，即主振型波幅轴须保持在 0°电极轴。此时波幅点信号在频率跟踪回路及幅值控制回路的作用下为幅值恒定的正弦信号；波节点信号在正交控制回路及速率控制回路的作用下保持与波幅点信号同频同相，且幅值为零。根据半球谐振陀螺信号的特点，以及数字控制实现的需要，半球谐振陀螺数字控制电路总体结构如图 4-2 所示。具体硬件电路主要包括：C/V 转换电路、前置滤波器、差分放大器、AD 转换器、数字处理 FPGA、DA 转换器和驱动放大电路。

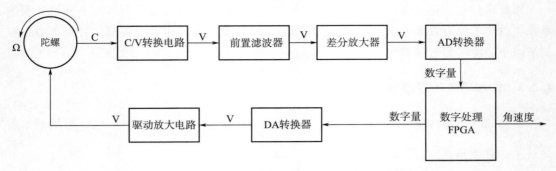

图 4-2　半球谐振陀螺数字控制电路总体结构框图

4.3.1　电路温度效应的机理

电子元器件受温度影响而产生的效应包括电阻温度效应、热电子效应和汤姆逊效应等[13]。

（1）电阻温度效应

温度的变化会导致材料电阻率的变化，这种现象称为材料的电阻温度效应。金属的电阻率随温度升高而增大，电阻温度系数为正值，且在一定温度范围内存在线性关系，而大多数绝缘材料和半导体具有负的电阻温度系数。

（2）热电子效应

由于在器件尺寸缩小的过程中，电源电压不可能和器件尺寸同比例缩小，这样会导致 MOS 器件内部电场增强。当 MOS 器件沟道中的电场强度超过 100 kV/cm 时，电子在两次散射间获得的能量超过它在散射中失去的能量，从而使一部分电子的能量显著高于热平衡时的平均动能而成为热电子。高能量的热电子将严重影响 MOS 器件和电路的可靠性。热电子效应的主要影响为热电子向栅氧化层中发射，引起衬底电流和栅电流等。以加强型 NMOS 为例，当发生热电子效应时，处于价带的平衡态电子有机会被热电子撞击而跃迁至导带，成为新的热电子，产生许多电子-空穴对，使载流子数量上升，从而造成载流子倍增的现象。

（3）汤姆逊效应

汤姆逊效应是指在有温度梯度的均匀导体中通有电流时，导体中除了产生和电阻有关的焦耳热以外，还要吸收或放出热量。

4.3.2　电路温度效应的误差分析

在半球谐振陀螺控制电路中，温度变化主要影响前置滤波器、差分放大器和驱动放大电路部分。

4.3.2.1　前置滤波器温度误差分析

半球谐振陀螺数字控制电路的前置滤波器为二阶低通滤波器[14-15]，电路如图 4-3 所示。

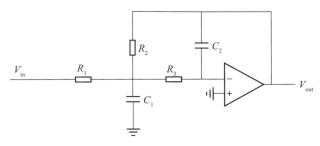

图 4 - 3　二阶低通滤波器

该低通滤波器的传递函数为

$$A_u(S) = \frac{V_{out}}{V_{in}} = -\frac{R_2}{R_1} \frac{1}{1 + R_2 R_3 C_2 S\left(\dfrac{1}{R_1} + \dfrac{1}{R_2} + \dfrac{1}{R_3}\right) + R_2 R_3 C_1 C_2 S^2} \qquad (4-31)$$

则通带放大倍数为

$$A_{up} = -\frac{R_2}{R_1} \qquad (4-32)$$

截止频率为

$$f_{lp} = \frac{1}{2\pi \sqrt{R_2 R_3 C_1 C_2}} \qquad (4-33)$$

幅频特性及相频特性函数为

$$|A_u(\omega)| = \frac{R_2}{R_1} \frac{1}{\sqrt{(1 - R_2 R_3 C_1 C_2 \omega^2)^2 + R_2^2 R_3^2 C_2^2 \left(\dfrac{1}{R_1} + \dfrac{1}{R_2} + \dfrac{1}{R_3}\right)^2 \omega^2}} \qquad (4-34)$$

$$\angle A_u(\omega) = -\mathrm{atan}\left\{\frac{R_2 R_3 C_2 \left(\dfrac{1}{R_1} + \dfrac{1}{R_2} + \dfrac{1}{R_3}\right)\omega}{1 - R_2 R_3 C_1 C_2 \omega^2}\right\} + \begin{cases} \pi & (\omega < 2\pi f_{lp}) \\ 0 & (\omega > 2\pi f_{lp}) \end{cases} \qquad (4-35)$$

由于低通滤波器幅频特性及相频特性函数较为复杂，无法直接得到每个电阻电容值变化时对整体特性的影响。电阻和电容在实际情况下都会随温度变化而变化，其实际公式应为

$$\begin{aligned} R &= R_0(1 + \alpha_R \cdot \Delta T) \\ C &= C_0(1 + \alpha_C \cdot \Delta T) \end{aligned} \qquad (4-36)$$

式中　R_0，C_0——分别为常温下的电阻和电容的标称值；

　　　α_R——电阻温漂系数；

　　　α_c——电容温漂系数；

　　　ΔT——温度变化。

电阻电容值在一定的温度变化范围内，得到如下关系

$$R_1 \uparrow \rightarrow \begin{cases} |A_u(\omega)| \downarrow \\ \angle A_u(\omega) \uparrow \end{cases}, R_2 \uparrow \rightarrow \begin{cases} |A_u(\omega)| \uparrow \\ \angle A_u(\omega) \downarrow \end{cases}, R_3 \uparrow \rightarrow \begin{cases} |A_u(\omega)| \uparrow \\ \angle A_u(\omega) \downarrow \end{cases}, C_1 \uparrow \rightarrow \begin{cases} |A_u(\omega)| \downarrow \\ \angle A_u(\omega) \downarrow \end{cases}$$

$$(4-37)$$

由式（4-37）可知，低通滤波器阻容器件温度误差对于测量结果温度误差影响较大，需要利用温度稳定性更高的精密电阻电容，减小温度变化引起的热漂移[16]。

4.3.2.2　差分放大器温度误差分析

信号结果经过前置滤波器电路处理之后，需要将差分信号转换成幅值为 0~5 V 的电压信号。电路选用差分芯片 AD8138，该型差分芯片具有非常低的噪声但却具有极高的转换速率。差分电路如图 4-4 所示。

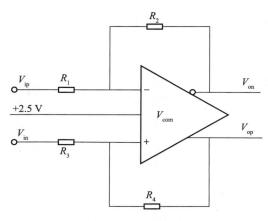

图 4-4　差分电路

由差分电路图可知，信号的放大倍数为

$$G=\frac{R_2}{R_1}=\frac{R_4}{R_3}=\frac{R_2(1+\alpha_{R_2}\cdot\Delta T)}{R_1(1+\alpha_{R_1}\cdot\Delta T)}=\frac{R_4(1+\alpha_{R_4}\cdot\Delta T)}{R_3(1+\alpha_{R_3}\cdot\Delta T)} \tag{4-38}$$

如果电阻 R_2 与 R_4 和电阻 R_1 与 R_3 的温度系数匹配性差，差分放大器的增益将与理论值存在很大差异。为提高温度稳定性和测量精度，差分电路需要使用温度系数更低、匹配性更好的精密低温漂电阻。

4.3.2.3　驱动放大电路温度误差分析

半球谐振陀螺的谐振子采用静电力驱动，其控制电路中的高压驱动放大电路[17]如图 4-5 所示。

驱动放大电路是由三极管的负反馈电路和同比例运算电路构成的。100 V 电压流经 R_5、R_4、R_3 到地面，可算出 V_a 和运放正极 U_+，U_+ 和 U_- 之差。整个电路输出

$$V_{out}=V_{in}\times\left[1+\frac{R_4(1+\alpha_{R_4}\cdot\Delta T)}{R_3(1+\alpha_{R_3}\cdot\Delta T)}\right] \tag{4-39}$$

电路增益

$$K=1+\frac{R_4(1+\alpha_{R_4}\cdot\Delta T)}{R_3(1+\alpha_{R_3}\cdot\Delta T)}$$

当温度发生变化时，驱动端高压直流基准会发生漂移，从而给谐振子振型的驱动控制带来误差，振型精度控制是陀螺测量精度的基础，对高压驱动放大电路的温度稳定性有较高要求，因此需要选用高精度、低温度系数的精密电阻以降低温度产生的误差影响。

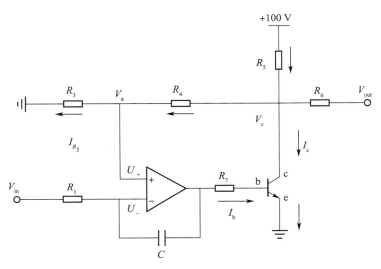

图 4 - 5　高压驱动放大电路

4.3.2.4　电路温度误差分析实例

在半球谐振陀螺数字控制电路中的前置滤波器、差分放大器和高压驱动放大器等电路中，通常采用贴片电阻温度系数为 $100 \times 10^{-6}/℃$。若在电路中 $R_1 = 100$ kΩ，$R_2 = 499$ kΩ，则常温（25 ℃）理论增益为

$$G = \frac{R_2}{R_1} = \frac{499 \text{ kΩ}}{100 \text{ kΩ}} = 4.99$$

当温度为 50 ℃时，考虑最恶劣情况，即 R_1 和 R_2 温度系数相反，则增益变为

$$G' = \frac{R_2'}{R_1'} = \frac{499 \text{ kΩ}(1 + 25 \times 100 \times 10^{-6})}{100 \text{ kΩ}(1 - 25 \times 100 \times 10^{-6})} = \frac{500.247\ 5}{99.75} = 5.015$$

则增益变化率为

$$\frac{G' - G}{G} \times 100\% = \frac{5.015 - 4.99}{4.99} \times 100\% = 0.5\%$$

由此可知，当温度变化为 25 ℃时，在最恶劣情况下仅差分放大器就可造成放大增益 0.5% 的误差。

4.4　温度误差抑制技术

目前，针对半球谐振陀螺温度误差的补偿与抑制方法主要有温度稳定法和温度补偿法。温度稳定法是将陀螺置于均匀温度场内，并采用一定的方法使其温度处于恒定状态，温度稳定法又可分为被动型和主动型；温度补偿法是根据陀螺随温度变化的特性建立数学模型，通过硬件或软件对温度误差进行补偿[18-19]。但硬件补偿电路复杂，温补效果不佳，所以工程应用中常采用软件补偿法进行温度误差补偿。

4.4.1　温度稳定法

被动型温度稳定法是采用增加热屏蔽、均热罩等，通过采取良好的隔热措施来隔离温度扰动，以尽可能减小陀螺内部的温度梯度。1997 年发射的卡西尼号土星探测器上使用的半球谐振陀螺惯性敏感器就是将半球谐振陀螺安装在由绝热材料加工的结构内进行被动型隔热保护[20]，如图 4 - 6 所示。

隔热支架

图 4 - 6　用于卡西尼号土星探测器的半球陀螺及隔热支架

主动型温度稳定法包括增加温度补偿电路和增加温度控制系统两种方法。增加温度补偿电路是根据半球谐振子谐振频率随温度线性变化，从而导致陀螺输出随温度线性变化，通过在半球陀螺控制电路系统中加入适当的温度补偿电路，实现对半球谐振陀螺有效的温度补偿。

4.4.1.1　温度控制类型

温度控制系统通过温控电路在陀螺工作过程中不断对半球谐振陀螺内部温度进行修正，以保证半球谐振陀螺内部工作的温度稳定。温度控制系统可分为单向温控和双向温控。

（1）单向温控

单向温控是采用压敏型聚酰亚胺薄膜加热片进行功率输出，将温度控制点设置在工作环境温度之上。当系统温度达到工作温度时，系统的加热功率与热耗散功率保持动态平衡。如果系统的温度超过温控点，则停止加热，通过自然散热促使系统降温。

（2）双向温控

双向温控主要采用半导体制冷器（TEC，图 4 - 7）对陀螺进行加热和制冷。其结构简单、对工作环境要求很低、无制冷工质、无机械部件、无振动、可保持很长寿命，双向温控制冷迅速，而且交换电流方向即可实现制冷或制热，调节电流大小即可控制冷量输出，改变电臂大小及温差电对的排布方式，就可满足各种不同需要。

假设 TEC 端面的热传导为一维稳态导热，端面厚度不影响温度传导方向。根据能量守恒定律和热传导理论，可得加热吸收热量 Q_c 和放热量 Q_k

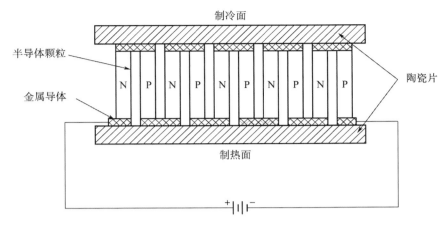

图 4 - 7　半导体制冷器结构图

$$Q_c = N \cdot I(\alpha T_c - IR_g) - K(T_k - T_c)$$

$$Q_k = N \cdot I(\alpha T_k + IR_g) - K(T_k - T_c)$$

$$V = N \cdot [\alpha(T_k - T_c) + 2IR_g]$$

$$K = 2N \frac{\lambda S}{l}$$

$$R_g = \frac{\rho l}{S}$$

$$(4 - 40)$$

式中　α —— 单个热电堆的塞贝克系数；

　　　　N —— 制冷器中热电堆的总数；

　　　　I —— 制冷器工作电流；

　　　　T_c —— 热端温度；

　　　　T_k —— 冷端的温度；

　　　　S，l —— 单个热电堆的面积和长度；

　　　　λ —— 热电偶中的传导率；

　　　　V —— 控制端电压；

　　　　R_g —— 制冷器内阻；

　　　　ρ —— 热电偶材料电阻率。

4.4.1.2　温度控制组成

温度控制电路可分为模拟温控和数字温控。

（1）模拟温控组成

模拟温控系统包括温度电压转换电路、比较运算放大电路、驱动放大电路和加热元件，如图 4 - 8 所示。

首先，热敏电阻将温度变化 ΔT 转变成阻值 ΔR，再将阻值 ΔR 转换成电压变化 ΔU，经过比较放大电路后，控制驱动放大电路改变加热片两端的电压以达到改变加热功率的目

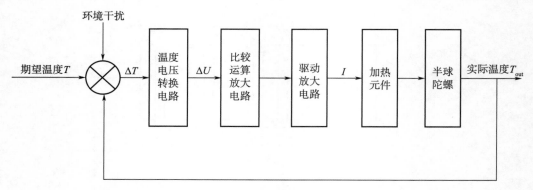

图 4-8　模拟温控系统框图

的，从而实现温度控制。

（2）数字温控系统

数字温控系统采用 PWM 调制的方法以提高加热效率，其原理如图 4-9 所示。

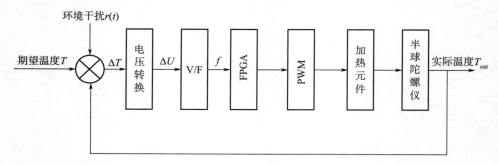

图 4-9　数字温控系统框图

数字温控系统采用 V/F 转换器将 ΔU 转换成脉冲数 f。FPGA 将采集到的脉冲数，进行 PI 运算，然后输出 PWM 波形来控制 MOSFET 的通断，从而控制加热片的通断时间以达到温控的目的。

4.4.1.3　电压转换电路

温度控制的敏感元件为热敏电阻、热电偶或温度传感器，在空间卫星应用中主要采用热敏电阻。但是热敏电阻将温度变化转变为电阻变化后，需要电压转换电路进行转换。常见的电压转换电路有惠更斯全桥、单桥温度转换电路和四线制热敏电阻转换电路。

（1）惠更斯全桥

惠更斯全桥原理图如图 4-10 所示，电桥测温电压灵敏度可表示为

$$\Delta V = V_+ - V_- = \left(\frac{R_2}{R_1 + R_2} - \frac{R_{pt}}{R_{pt} + R_3} \right) V_{ref} \qquad (4-41)$$

根据电桥设计原理，电阻选取 $R_1 = R_2$，达到温控点，进入热稳定状态后，$R_{pt} = R_3 + \Delta R_{pt}$，$\Delta R_{pt}$ 为 R_{pt} 随温度变化的阻值，将 $R_{pt} = R_3 + \Delta R_{pt}$ 代入上式，并根据 $\Delta R_{pt} \ll R_3$ 得

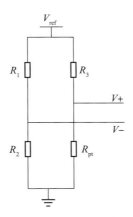

图 4 - 10　惠更斯全桥工作原理图

$$\Delta V = \left(\frac{1}{2} - \frac{R_3 + \Delta R_{pt}}{\Delta R_{pt} + 2R_3} \right) V_{ref}$$

$$= \left(\frac{1}{2} - \frac{R_3}{\Delta R_{pt} + 2R_3} - \frac{\Delta R_{pt}}{\Delta R_{pt} + 2R_3} \right) V_{ref} \qquad (4-42)$$

$$\approx \left(\frac{1}{2} - \frac{1}{2} - \frac{\Delta R_{pt}}{\Delta R_{pt} + 2R_3} \right) V_{ref}$$

$$= - \frac{\Delta R_{pt}}{2R_3} V_{ref}$$

热敏电阻的阻值与测量温度的关系为 $\Delta R_{pt} = \alpha \Delta T$，$\alpha$ 为热敏电阻温度系数，代入上式可得

$$\Delta V = - \frac{\alpha \Delta T}{2R_3} V_{ref} \qquad (4-43)$$

由上式可知，要想使电路的稳定性好，R_3 需要选用温度系数小、稳定性高的金属膜电阻；V_{ref} 需要选用温漂小、精度高的基准电压源。

（2）单桥温度转换电路

图 4 - 11 中所示的为多路单桥温度转换电路，每路的电压变化为

$$\Delta V = \frac{R_n}{R_n + R_{tn}} V_{ref} \qquad (4-44)$$

式中　R_n，R_{tn}—— 分别为第 n 路的分压电路和热敏电路。

通过切换多路选择器，以控制进入所需要采集电路的电压。该电路可以对多路温度进行分时采集，有效降低电路复杂度和元器件数量。

（3）四线制热敏电阻转换电路

四线制热敏电阻是在普通两线制热敏电阻的两端分别再引出两根线。四线制热敏电阻测温时，不仅可以消除引出线电阻的影响，还可以消除连接导线间的接触电阻及其阻值变化的影响。常用的四线制热敏电阻转换电路如图 4 - 12 所示。

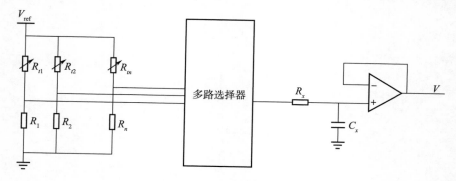

图 4 - 11　多路单桥温度转换电路

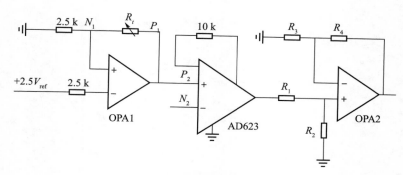

图 4 - 12　四线制热敏电阻转换电路

在图 4 - 12 中，P_1，P_2 和 N_1，N_2 分别在四线制热电阻的两端，即 P_1 与 P_2，N_1 与 N_2 是相互导通的。OPA1 给热敏电阻 R_t 提供 1mA 的恒流源。AD623 是精密差分运算放大器，通过差分获得热敏电阻两端的差分电压，并将其进行放大，其放大倍数为

$$G_{AD623} = 1 + \frac{100 \text{ k}\Omega}{R_G} \tag{4-45}$$

其中，$R_G = 10$ kΩ，则差分运算放大器的放大倍数为 11 倍。

由 OPA2 放大器提供第二级放大倍数，并与后续 AD 转换器电路进行阻抗匹配，其放大倍数为

$$G_{OPA2} = \frac{R_2}{R_1 + R_2} \left(1 + \frac{R_4}{R_3} \right) \tag{4-46}$$

4.4.1.4　单向数字温控实例

（1）温度控制模型

在半球谐振陀螺结构参数一定的条件下，单位时间流入陀螺内部的热量应该等于陀螺吸收的热量和陀螺散失热量的总和。如前所述，可将陀螺的温度系统作为一阶微分方程的参数，由系统处理可得

$$P = \frac{U^2}{R} = C \frac{dT}{dt} + \frac{\Delta T}{R_{th}} \tag{4-47}$$

式中　P ——加热功率；

　　　R ——加热片阻值；

　　　U ——加热片两端电压；

　　　C ——陀螺热容量；

　　　T ——温度；

　　　ΔT ——温度差；

　　　R_{th} ——陀螺热阻。

对上式进行拉氏变换后，可得

$$P(s) = C\Delta T(s)s + \frac{\Delta T(s)}{R_{th}} \tag{4-48}$$

由此，可得理想温度控制的传递函数为惯性环节

$$G(s) = \frac{\Delta T(s)}{P(s)} = \frac{R_{th}}{R_{th}C_s + 1} = \frac{R_{th}}{\tau_s + 1} \tag{4-49}$$

（2）温度控制实现

温度控制 FPGA 功能设计可按图 4 - 13 所示分解，完成模块化设计。

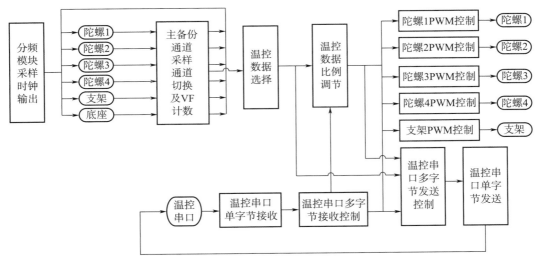

图 4 - 13　温度控制 FPGA 功能设计图

FPGA 被分解为 9 个模块：顶层模块、分频模块、单字节串口接收模块、温控串口多字节接收控制模块、采样通道切换及 VF 计数模块、温控数据比例处理模块、温控 PWM 控制模块、温控串口多字节发送控制模块和单字节发送模块等。

温度控制 FPGA 的主要功能包括多路陀螺温度信号采集、多路温控通道的采样及切换、多路陀螺温度的 PI 调节和 PWM 控制，以及串口温控指令的接收和解析等。

①温度脉冲值与温度的对应关系

陀螺温度通过温控电阻和测温电阻获取，通过 VF 组件进行采样。测温电阻 R_T 与温度 ΔT 的关系为

$$R_{\text{T}} = \exp\left(-5.234\,3 + \frac{4\,100}{\Delta T + 273.15}\right) \tag{4-50}$$

测温电阻的阻值 R_{T} 与温度脉冲值 f_{in} 的对应关系为

$$f_{\text{in}} = \frac{5}{R_{\text{T}} + 10\,000} \times 10^8 \tag{4-51}$$

通过上述表达式可推导出温度对应脉冲值 f_{in} 与温度 ΔT 的对应关系为

$$f_{\text{in}} = \frac{5}{\exp\left(-5.234\,3 + \dfrac{4\,100}{\Delta T + 273.15}\right) + 10\,000} \times 10^8 \tag{4-52}$$

即陀螺的温度为 ΔT 时，VF 采样获取的对应温度脉冲值为 f_{in}。陀螺温度 ΔT 在一定的范围内，通过表达式可推算出 VF 脉冲采样值范围。

②多路温控通道的采样及切换

由于温控效果的滞后性，多路温控通道的采样值 FPGA 设计可采用"流水线"方式实现，即依次对每一路温控通道的陀螺温度进行采样及处理。依次采样时，需要对温控通道进行切换，不同通道间电压切换造成的采样误差，可以通过设置缓冲时间的方式缓解。

图 4-14 为采样通道切换信号状态图，图中采用了主份通道和备份通道冗余的模式进行，当主份通道采样值异常时，可切换至备份通道进行采样。

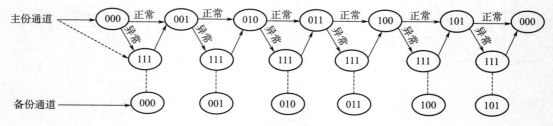

图 4-14　采样通道切换信号状态图

③陀螺温度 PI 调节

温度控制采集到多路陀螺温度信号后，需要对采样数据进行比例调节，确保多路采样通道温度在一定时间内稳定在温控点附近，且稳定时惯性敏感器输出功率不超过额定值。PI 参数可从温控系统的额定功率、快速温控等方面进行调整。

④陀螺 PWM 温控技术

计数器的计数方向由 PWM 信号控制：当 PWM 信号为低电平时，计数器为减计数；当 PWM 信号为高电平时，则计数器为增计数。计数终值控制从数据寄存器加载数据到计数器，当计数终值信号为高电平，数据被加载。

当数据第一次被加载时，计数器开始从这个数据值减计数到 0。计数的终值和 PWM 信号均为 0；当计数器计数到 0 时，产生新的计数值信号，并且它会触发 T 型触发器，驱动 PWM 信号为高电平 1；计数器开始计数，当计数器计数到最大值时，会产生一个新的计数终值信号，并驱动 PWM 信号从高电平变为低电平。

如图 4 - 15 所示为陀螺 PWM 信号发生器的结构简图。

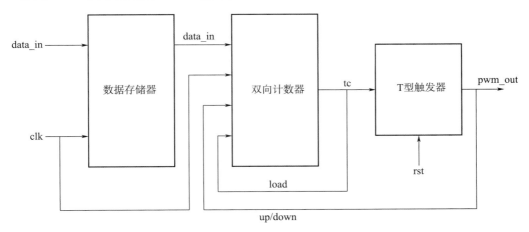

图 4 - 15 陀螺 PWM 信号发生器的结构简图

PWM 信号的占空比由加载到双向计数器的数据控制，数据的值越大，则占空比越大，如图 4 - 16 所示。

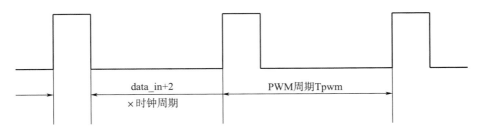

图 4 - 16 陀螺 PWM 波形示例

可用式计算

$$\text{PWM 占空比} = \frac{(\text{data\_in} + 2) \times \text{时钟周期}}{\Delta \text{Tpwm}} \tag{4 - 53}$$

式中 data_in——陀螺温度经过 PI 调节后的值。

4.4.1.5 试验数据

在实验室条件下，对 4 路陀螺同时进行温度控制，FPGA 的采样速率为 100 ms。从开始加热到测试 60 min 的温度数据如图 4 - 17 所示。

通过图 4 - 17 可知，温度曲线有明显的超调量，其有利于陀螺温度快速地进入温控精度范围，也可以让陀螺内部的热量迅速快递。由表 4 - 1 可知，温控系统的温度稳定性为 0.03 ℃ 左右，温度的峰峰值也能保证在 ±0.1 ℃ 以内。

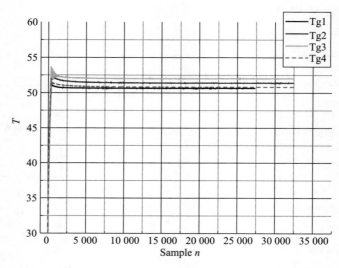

图 4 - 17　测试 60 min 温度数据（见彩插）

表 4 - 1　温度曲线参数

	均值/℃	标准差/℃	峰峰值/℃
陀螺 1	50.661 92	0.008 69	0.155 5
陀螺 2	51.418 14	0.040 07	0.227 69
陀螺 3	52.029 44	0.022 77	0.141 03
陀螺 4	50.838 78	0.032 06	0.176 92

　　将温控系统通电 1 h 后，测试 45 min 的数据如图 4 - 18 所示。

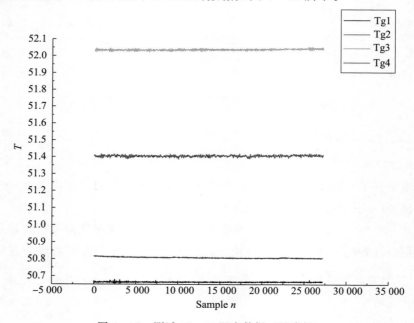

图 4 - 18　测试 45 min 温度数据（见彩插）

由图 4-18 和表 4-2 可知，随着时间的推移，温控的温度稳定性和峰峰值会越来越小，整个温控系统能够稳定的运行。

表 4-2　45 min 温度曲线参数

	均值/℃	标准差/℃	峰峰值/℃
陀螺 1	50.664 12	0.001 82	0.025 7
陀螺 2	51.406 16	0.005 6	0.036 41
陀螺 3	52.037 82	0.005 52	0.031 79
陀螺 4	50.8077	0.00261	0.015 9

4.4.2　温度补偿法

温度补偿法是基于半球谐振陀螺的温度输出特性，计算相应温度变化所带来的误差，建立温度误差模型以对半球谐振陀螺的输出实现实时补偿。采用温度补偿法的前提是半球谐振陀螺的温度变化特性必须是有规律的，且有较好的重复性[23]。

由于影响半球谐振陀螺精度的温度漂移很复杂，可以把半球谐振陀螺的温度误差模型看成灰箱模型，即从一组模型中选择一个合适的模型，按照某种准则使其能够最优描述半球谐振陀螺温度误差的本质。在实际应用中，根据不同模型选择合适的辨识算法需要大量的实际经验。

在半球谐振陀螺温度误差模型的辨识过程中，应该注意以下问题。

1) 半球谐振陀螺温度误差模型的精确性。要求建立的数学模型能够按照事先制定的目标准则，最优描述半球谐振陀螺的温度误差特性。

2) 半球谐振陀螺温度误差模型的适用性。半球谐振陀螺温度误差特性的数学模型，应该对半球谐振陀螺在不同的环境和情况下都能够有效地适用。一般情况下，要避免对同一个半球谐振陀螺建立多个不同数学模型，这样会降低模型通用性。

3) 半球谐振陀螺温度模型的复杂度。过于复杂的数学模型，在工程应用中很难实现，进行补偿需要耗费大量的计算时间，使得实时性得不到保证，这样就失去了建模补偿的基本意义。

但在半球谐振陀螺的实际应用中，如果建立的数学模型越精确，往往会使得模型复杂度增加，模型通用性会随之降低。因此，为了尽可能精确描述半球谐振陀螺温度误差特性，需要进行大量的温度试验，选择合适的半球谐振陀螺温度误差数据作为辨识样本，并在此基础上建立合适的目标准则和合适的辨识算法，以降低模型的复杂度，保证半球谐振陀螺温度误差模型的适用性。

4.4.2.1　最小二乘法回归分析

最小二乘法是通过最小化误差的平方和寻找数据的最佳函数匹配来应用的。利用最小二乘法可以简便地求得未知的数据，并使得这些求得的数据与实际数据之间误差的平方和为最小。

　　回归理论分析是根据自变量的数值和变化，来估计因变量的相应数值和变化规律的预测方法。在回归理论分析中，通常称自变量为回归因子，用 X_i 表示，称因变量为响应变量，一般用 Y_i 表示，预测公式即回归方程为

$$Y_i = f(X_i), (i = 1, 2, \cdots n) \tag{4-54}$$

　　很多实际问题可通过回归分析的理论和方法来解决。假设 Y 是一个随机变量，它与因变量 X_1，X_2，$\cdots$，X_P 有如下关系

$$Y = \beta_0 + \beta_1 X_1 + \cdots + \beta_P X_P + \varepsilon \tag{4-55}$$

式中，β_0，β_1，$\cdots$，β_P 称为回归系数，是未知量；ε 为随机误差。

　　回归分析就是利用自变量 X_1，X_2，$\cdots$，X_P 和因变量 Y 的值来估计出 β_0，β_1，$\cdots$，β_P 的值。式 （4-55） 的矩阵形式为

$$Y = X\beta + \varepsilon \tag{4-56}$$

$$Y = f(\beta) + \varepsilon \tag{4-57}$$

式中　Y ——已知的观测数据向量；

　　　　X ——已知的设计矩阵；

　　　　β ——未知参数向量；

　　　　ε ——误差向量，并且有 $E(\varepsilon) = 0$，$D(\varepsilon) = \sigma^2 I_n$。

　　式 （4-56） 中的 $X\beta$ 是 β 的线性函数，因此称之为线性回归模型；式 （4-57） 中 $f(\beta)$ 为 β 的非线性函数，称之为非线性回归模型。

　　考虑线性回归模型，式 （4-57） 利用最小二乘法最终可归结于寻找参数向量 $\hat{\beta}$，使得下式成立

$$\| Y - X\hat{\beta} \|^2 = \min \| Y - X\beta \|^2 \tag{4-58}$$

向量 $\hat{\beta}$ 是线性回归模型回归系数 β 的最小二乘法估计值。

　　模型的性能评价函数为模型残差的平方和，即

$$J = \sum_{i=1}^{N} \varepsilon_i^2 = \varepsilon^T \varepsilon \tag{4-59}$$

式中　N ——采集的样本容量，一般情况下 $N \gg n$，n 为待估计的参数的个数，即向量 β 的维数。

　　将式 （4-58） 代入式 （4-59） 得

$$\begin{aligned} J &= \varepsilon^T \varepsilon \\ &= (Y - X\beta)^T (Y - X\beta) \\ &= Y^T Y - \beta^T X^T Y - YX\beta + \beta^T X^T X\beta \end{aligned} \tag{4-60}$$

　　对于使得目标函数 J 最小的参数向量 $\hat{\beta}$ 有下式成立

$$\frac{\mathrm{d}J}{\mathrm{d}\beta} \bigg|_{\beta = \hat{\beta}} = -2X^T Y + 2X^T X\beta = 0 \tag{4-61}$$

　　因此，最小二乘法估计的一般形式为

$$\hat{\beta} = (X^T X)^{-1} X^T Y \tag{4-62}$$

用最小二乘法估计参数时，得到的估计参数是无偏的，即估计值的数学期望等于被估计量的真值。

$$
\begin{aligned}
E(\hat{\boldsymbol{\beta}}) &= E\big[(\boldsymbol{X}^{\mathrm{T}}\boldsymbol{X})^{-1}\boldsymbol{X}^{\mathrm{T}}(\boldsymbol{X}\boldsymbol{\beta}+\boldsymbol{\varepsilon})\big] \\
&= E\big[\boldsymbol{\beta}+(\boldsymbol{X}^{\mathrm{T}}\boldsymbol{X})^{-1}\boldsymbol{X}^{\mathrm{T}}\boldsymbol{\varepsilon}\big] \\
&= \boldsymbol{\beta}+E\big[(\boldsymbol{X}^{\mathrm{T}}\boldsymbol{X})^{-1}\boldsymbol{X}^{\mathrm{T}}\big]E(\boldsymbol{\varepsilon}) \\
&= \boldsymbol{\beta}
\end{aligned}
\tag{4-63}
$$

正是因为最小二乘法具有无偏性、最优性等特点，使得最小二乘法在工程中得到了广泛应用。

在使用多项式模型对半球谐振陀螺温度误差模型进行拟合逼近时，必须合理确定模型阶次，模型阶次越高，逼近精度越好，但随着阶次的增加会增大模型的计算量。因此，需要在模型精度和复杂度之间做一个平衡。

在实际的工程应用中，使用多项式模型进行陀螺温度误差的建模时，通常按照以下方法来综合评价模型是否合适。

1）当建立 n 阶多项式模型后，如果其模型残差与 $(n+1)$ 阶模型残差非常接近，并且 $(n+1)$ 阶系数接近于 0，则表明 n 阶多项式模型的拟合逼近精度和 $(n+1)$ 阶模型精度已经相当，不再增加模型阶数。相反，如果 $(n+1)$ 阶模型残差与 n 阶模型残差相比显著减小，则意味着当前的 n 阶模型并不适用。

2）经过 n 阶多项式模型补偿后，陀螺漂移是否已经达到了陀螺的性能指标要求。如果达到了指标要求，则证明模型的精度达到了要求。

以上方法中的第一个条件是用来评价多项式模型的阶次是否合适。第二个条件则是用来评价模型补偿的效果是否满足工程的需要，即补偿后的半球谐振陀螺是否达到了恒温下半球谐振陀螺的精度，是否满足所需的精度要求[8]。

4.4.2.2　最小二乘法补偿实例

（1）陀螺输出和半球谐振子谐振频率之间的关系

半球谐振子的谐振频率和温度线性相关，具体关系为

$$
f = kT + f_0 \tag{4-64}
$$

式中　f ——谐振子的当前谐振频率；

　　　f_0 ——谐振子在 0 ℃时的谐振频率；

　　　k ——谐振子谐振频率的温度系数；

　　　T ——温度。

由式（4-64）可得

$$
T = \frac{f - f_0}{k} \tag{4-65}
$$

陀螺零位和温度之间成二次关系，具体关系为

$$
S = aT^2 + bT + c \tag{4-66}
$$

式中　S ——陀螺零位；

a —— 二次项系数；

b —— 一次项系数；

c —— 常数项。

陀螺补偿后的输出 S_{out} 由补偿前的输出 S_{pre}、陀螺零位 S 决定，具体关系为

$$S_{out} = S_{pre} - S \qquad\qquad (4-67)$$

将式 (4-65)、式 (4-66) 代入式 (4-67) 并化简，可得：

$$S_{out} = S_{pre} - a\left(\frac{f-f_0}{k}\right)^2 - b\,\frac{f-f_0}{k} - c \qquad\qquad (4-68)$$

(2) 半球谐振子谐振频率的温度特性测试

将半球谐振陀螺放入温控箱中，将温控箱的温度设置为 $-10\ ℃$，1.5 h 后测得谐振子的谐振频率为 3 836.935 4 Hz。用同样的方法分别测得 0 ℃、10 ℃、20 ℃、30 ℃、40 ℃、50 ℃时谐振子的谐振频率。用最小二乘法对所得到的数据进行线性拟合，得到谐振子的谐振频率和温度的关系如下

$$f = 0.053\ 6T + 3\ 837.4 \qquad\qquad (4-69)$$

原始数据曲线及拟合曲线如图 4-19 所示，其谐振子频率的温度系数为 0.053 6 Hz/(℃)，线性度优于 5×10^{-6}。

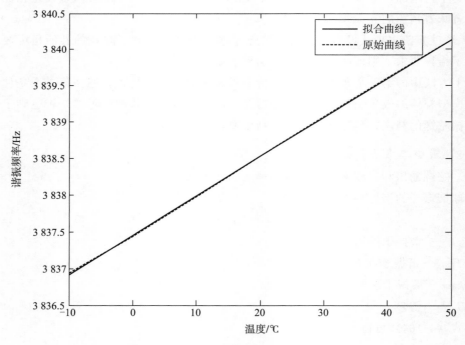

图 4-19　谐振子谐振频率的温度特性

(3) 陀螺零位输出的温度特性测试

在谐振子谐振频率的温度特性精确测试的过程中，同时记录对应温度下陀螺的零位输出。并根据原始记录数据进行二次拟合，其原始数据曲线及拟合曲线如图 4-20 所示。

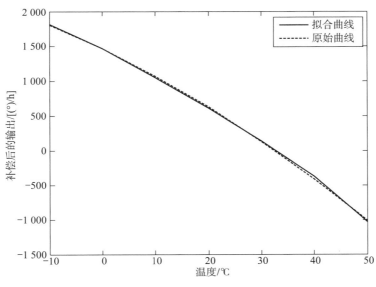

图 4 - 20　陀螺输出量的温度特性

由上述测试试验的结果可以看出，陀螺的输出量与温度确实成二次关系。陀螺输出量和温度的关系为

$$S = -0.25T^2 - 36.92T + 1\ 469.5 \tag{4-70}$$

陀螺的零位输出温度特性曲线的拟合值与实际测量结果，误差小于 1%。

（4）半球谐振陀螺温度补偿

对陀螺的零位输出进行静态测试，测试时间为 6 h，按照 GJB 的测试方法，进行数据记录和计算。将式（4-70）、式（4-69）代入式（4-68）中对陀螺的零位输出进行补偿，补偿前后的陀螺零位输出如图 4-21 所示。由图 4-21 可以看出，在上述温度补偿后，陀螺的零位输出量趋于稳定，波动明显降低。

根据补偿前后陀螺的零位输出信号，进行随机漂移计算。图 4-22 所示为陀螺补偿前后的随机漂移数据曲线。

由图 4-22 可知，加入温度补偿后，陀螺的零偏稳定性得到较大改善，随机漂移从 3（°）/h 左右降低至 1（°）/h 左右，性能提高 3 倍左右。

通过温度稳定法和温度补偿法的分析可知，温度稳定法可以通过温控电路克服长期使用和环境温度变化引起的误差，有效提高半球谐振陀螺的测量精度。

而温度补偿法在进行半球谐振陀螺的温度建模和补偿工作时，需要对半球谐振陀螺的温度特性进行全面掌握，做大量的温度试验。但是，由于导致半球谐振陀螺温度误差的机理十分复杂，想要建立准确的温度误差模型是非常困难的。同时，在半球谐振陀螺惯性敏感器中进行大量的算法运算对 FPGA 的资源也是严峻的考验。

综合比较温度稳定法和温度补偿法的优缺点，在卫星工程应用中更倾向于采用温度稳定法进行温度控制。

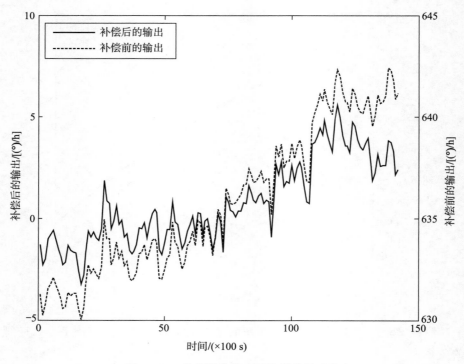

图 4 - 21　陀螺零位输出的补偿前后对比

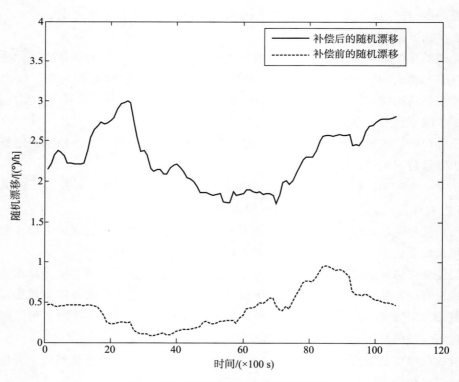

图 4 - 22　陀螺随机漂移补偿前后对比

参 考 文 献

[1] 宁青菊, 等. 无机材料物理性能 [M]. 北京: 化学工业出版社, 2006.

[2] 张勇猛, 吴宇列, 席翔, 等. 杯形陀螺的温度性能与补偿方法研究 [J]. 传感技术学报, 2012, 25 (9): 1230 - 1235.

[3] SCOSST W B DELCO. Makes low - cost gryo prototype [J]. Aviation Week, 1982, 1117 (25): 64 - 72.

[4] A MATTHEWS, F J RYBAK. Comparison of hemispherical resonator gyro and optical gyro [J]. IEEE Aerospace System Magazine, 1992, 7 (5): 40 - 46.

[5] 李云. 半球谐振陀螺力再平衡数字控制技术 [D]. 长沙: 国防科技大学, 2011.

[6] MATTHEWS A, RYBAK F J. Comparison of hemispherical resonator gyro and optical gyros [J]. IEEE Aerospace and Electronic Systems Magazine, 1992, 7 (4): 40 - 46.

[7] 任顺清, 赵洪波. 谐振子密度偏差引起的频率裂解的分析 [J]. 哈尔滨工业大学学报, 2012, 44 (3): 13 - 16.

[8] 任顺清, 赵洪波. 半球谐振子密度分布不均匀对输出精度的影响 [J]. 中国惯性技术学报, 2011, 19 (3): 364 - 368.

[9] 姜庆安. 半球谐振陀螺数字控制电路温度适应性及陀螺动态特性研究 [D]. 长沙: 国防科技大学, 2012.

[10] 周小刚, 汪立新, 余嫱, 等. 半球谐振陀螺温度补偿与实验研究 [J]. 宇航学报, 2010, 31 (4): 1083 - 1087.

[11] M. A. 马特维耶夫, 等. 固体波动陀螺 (译文集) [M]. 杨亚非, 赵辉, 译. 北京: 国防工业出版社, 2009.

[12] 雷霆. 半球谐振陀螺控制技术研究 [D]. 重庆: 重庆大学, 2006.

[13] 王巍. 干涉型光纤陀螺仪技术 [M]. 北京: 中国宇航出版社. 2010.

[14] 雷霆, 彭慧, 等. 半球陀螺微振动电容检测模型与分析 [J]. 压电惯性技术论文集, 2002, 43 - 49.

[15] 于伟. 半球谐振陀螺信号检测技术 [D]. 哈尔滨: 哈尔滨工业大学, 2004.

[16] 王卫民. 运算放大器及电压比较器失调电压测试方法的研究 [D]. 南京: 东南大学, 2007.

[17] 樊尚春, 刘广玉, 王振均. 半球谐振陀螺的理论与实验研究 [J]. 测控技术, 1994, 13 (1): 29 - 33.

[18] 周强, 等. 半球谐振陀螺温度特性及补偿分析 [J]. 压电与声光, 2015, 37 (5): 818 - 820.

[19] 李广胜. 半球谐振陀螺温度误差分析与模型研究 [D]. 长沙: 国防科技大学, 2009.

[20] M ROZELLE D. Hemispherical resonator gyro: from wineglass to the planets [J]. Spaceflight Mechanics, 2009, 134: 1 - 26.

[21] 蔡雄, 等. 半球谐振陀螺组合高精度温控技术 [J]. 中国惯性技术学会第七届学术会议, 2015: 24 - 29.

[22] 刘繁明, 赵亚凤. 一种新型的基于 TEC 的精密温控器设计 [J]. 中国惯性技术学报, 2004, 12 (6): 61 - 64.

[23] 诸一江, 吕锡仁. 陀螺温度模型建模方法介绍 [J]. 中国惯性技术学报, 1995, 3 (3): 32 - 37.

第 5 章　半球谐振陀螺惯性敏感器综合设计

惯性敏感器能否完成寿命周期内任务的决定性因素包括惯性敏感器精度以及在任务周期内的可靠性。影响惯性敏感器精度的因素主要有陀螺表头设计加工工艺、控制系统控制和补偿的精度以及外界环境变化的干扰等[1]。影响惯性敏感器可靠性的因素主要有机、电、热、力等方面。在惯性敏感器的设计过程中，需要根据各因素的特点开展有效的设计，扬长避短，实现产品精度，满足任务需求。半球谐振陀螺惯性敏感器的总体方案要立足于用户的使用要求，从惯性敏感器系统可靠性角度出发，主要从陀螺表头配置方案、控制电路方案、惯性敏感器电子线路设计等几个方面进行考虑[2]。

5.1　惯性敏感器总体构成与结构设计要点

5.1.1　惯性敏感器的构成方案

在半球谐振陀螺惯性敏感器的方案中，表头与控制电路、二次电源温控等电子线路的集成方案决定了后续机、电、力、热的设计思路。按照表头和电子线路的集成方式，可分为分体式和一体式两大类。

分体式方案中，陀螺惯性敏感器与信号处理电路、外围电路分开设计，分别安装在两个结构中，中间采用屏蔽电缆进行连接，如图 5-1 所示。半球谐振陀螺敏感器部分可单独屏蔽，有利于减少电路中信号的串扰；通过配合加速度计、减振器等其他器件增强半球谐振陀螺敏感器组件的多样性及可靠性；调整安装位置的不同形状及尺寸，可适应不同大小尺寸的惯性敏感器，而且安装位置灵活，安装配合精度高，与印制板组件之间互换性

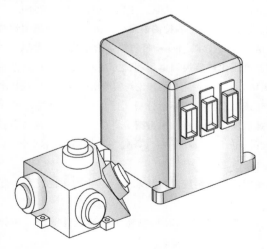

图 5-1　分体式方案（左：陀螺表头，右：电子线路）

强，可批量制造。但是该方案会使安装面积和安装难度增加，因为分体的原因，也使整个半球谐振陀螺惯性敏感器的体积和质量有所增加，同时对微弱信号电缆的处理提出了更高要求。

　　在一体式方案中，惯性敏感器与信号处理电路、外围电路密封在同一个结构体中，以减少占用空间，加强整体结构的强度、刚度，有利于减小整个敏感器系统的体积和重量，方便安装，如图 5-2 所示。该方式常用于电路板组件体积小、数量少的惯性敏感器。相对于分体式半球谐振陀螺惯性敏感器结构，一体式方案结构紧凑、可靠性强，可通过改变安装耳片的位置及大小，满足不同的安装要求，但一体式结构中的电磁环境更复杂，增加了高精度产品的设计难度。

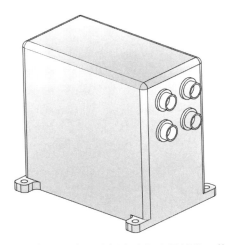

图 5-2　一体式方案（陀螺表头与电子线路一体设计）

　　由于半球谐振陀螺惯性敏感器的特殊性和敏感性，目前国外关于半球谐振陀螺惯性敏感器应用的技术文献和专刊非常少，只有部分基础内容公开，在查阅大量国内外相关文献的基础上可知，国内外半球谐振陀螺惯性敏感器的构成方案以一体化设计为主，如图 5-3～图 5-5 所示。

图 5-3　Sagem 为空客 A320 研制的一体化产品 Skynaute[3]

图 5-4　诺格公司开发的宇航用一体式产品 SSIRU ™[4]

图 5-5　上海航天控制技术研究所研制的一体式产品

5.1.2　国内外主流产品方案

　　图 5-6 是美国诺格公司早期的 3 表半球 SIRU 产品。左图是 3 个表头在惯性敏感器内的安装形式，采用 3 正交安装，为减小占用空间（右图）其 3 个轴与安装底面成固定角度，惯性敏感器信号处理电路集中放置在敏感器一侧。该型设计是分体式设计的简单组合，减少了惯性敏感器外线路，也有利于对陀螺表头进行电磁隔离，减小电磁干扰。但是表头安装位置空间没有充分利用，整体体积没有做到最优。

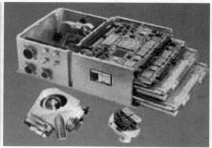

图 5-6　美国诺格公司的 3 表半球 SIRU[4]

　　图 5 - 7 是美国诺格公司改进后的可扩展型 SIRU Unit 4 表头安装方案。图 5 - 8 是方案的爆炸图与整体效果图。相对于早期的结构设计，该方案将结构紧凑型做到了极致。4 表头位于结构底部，保证力学和热学的稳定性，电子线路分布在表头安装的四周和结构的上层。资料显示，该扩展型产品可根据用户需求灵活选择加速度计的配置[3]。

图 5 - 7　诺格公司可扩展型 SIRU Unit 4 表头
安装方案[4]

图 5 - 8　可扩展型 SIRU Unit 4 方案爆炸图与
整体效果

　　图 5 - 9 是 4 表头一体式封装敏感器构型示意图。在该方案中，对多轴陀螺整体进行一次性真空封装，可以将陀螺的外形尺寸做到最小。配合一体化设计的 ASIC 芯片技术可以将半球陀螺惯性敏感器的体积缩小 1/2 以上，且集成度高、易于批量化制造，是未来小型化发展的重要研究方向[5]。

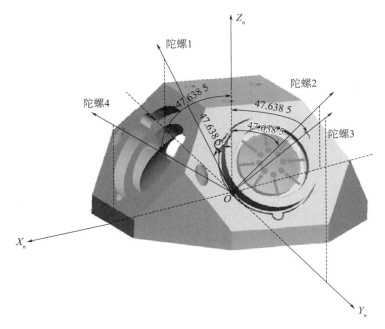

图 5 - 9　4 表头一体封装敏感器构型[5]

在半球谐振陀螺惯性敏感器的工程应用方面，美国代表其应用的最高水平。法国 Sagem 公司，突破了半球谐振陀螺的产能瓶颈，将半球谐振陀螺的应用拓展到了战术领域。俄罗斯在半球谐振陀螺研制的过程中解决了谐振子调平的工艺难题，使半球谐振陀螺的应用得到快速发展。我国自 20 世纪 80 年代开始，主要致力于半球谐振陀螺理论及工程研制，并取得了一定的进展，目前我国已经实现了半球谐振陀螺在空间领域的应用。当前，美、法、俄、中四国开发的半球谐振陀螺惯性敏感器中的代表产品均采用了一体化构成方案。

5.1.3　结构设计的要点

半球谐振陀螺惯性敏感器的结构包括惯性敏感器的外壳以及内部各组件的支撑结构，主要是为各个组件提供安装空间，确立惯性敏感器的测量坐标系，为温控组件提供均匀温度场和散热途径，确保组件和元器件在各种受载条件下的使用安全。结构组件设计时还需考虑防辐射、防静电设计的要求。结构设计的核心是解决半球谐振陀螺表头安装支撑及热环境稳定性的问题，结构组件最重要的特点是适应载体安装环境的需求。因此，结构设计主要包括测量基准的设置、轻量结构下优良力学性能的实现、均匀温度场的建立以及电磁兼容的设计等几个方面。

5.1.3.1　测量基准的设置

惯性敏感器系统测量的是相对于惯性空间的角速度变化信息，其自身仪表坐标系为满足右手定则的三正交轴坐标系。在半球谐振陀螺惯性敏感器系统的结构设计中，需要明确陀螺表头敏感轴与敏感器系统本体坐标系之间的关系。设半球谐振陀螺惯性敏感器在星上的安装图如图 5-10 所示，其中 $O_n X_n Y_n Z_n$ 为陀螺惯性敏感器本体坐标系（即 n 系），$O_b X_b Y_b Z_b$ 为卫星本体坐标系（即 b 系），设置时要求惯性敏感器本体坐标系与卫星本体坐标系的坐标轴两两相互平行。同时，为确保半球谐振陀螺惯性敏感器在安装到卫星系统平台后，能够保证半球谐振陀螺惯性敏感器的敏感方向，需结合实际情况在半球陀螺惯性敏感器合适的位置设计零位基准镜结构，如图 5-11 所示。

借助安装在半球谐振陀螺惯性敏感器外部的基准棱镜的位置信息，确定本体安装坐标系误差，并在系统测量时对其进行补偿，以提高半球谐振陀螺惯性敏感器姿态测量精度。因此，基准棱镜的安装位置信息及相应的机械参数设计是半球谐振陀螺惯性敏感器结构设计的重要部分。

半球谐振陀螺惯性敏感器结构系统设计中的精度设计应当遵循"因地制宜"的原则，半球谐振陀螺惯性敏感器的结构加工表面分成两类：重要配合面和一般配合面。

重要配合面是指半球谐振陀螺的安装结合面、半球陀螺姿态敏感器的安装面以及安装靠面。半球谐振陀螺安装结合面的加工精度会影响半球谐振陀螺在敏感器中的安装位置，产生安装误差角，安装误差角可以通过标定获得，并在运行的过程中实时补偿。半球谐振陀螺惯性敏感器的安装面以及安装靠面是半球谐振陀螺惯性敏感器的安装基准，必须要保证其加工精度，如果加工精度过低，会使安装误差角明显累加增大，影响半球谐振陀螺惯性敏感器的使用。

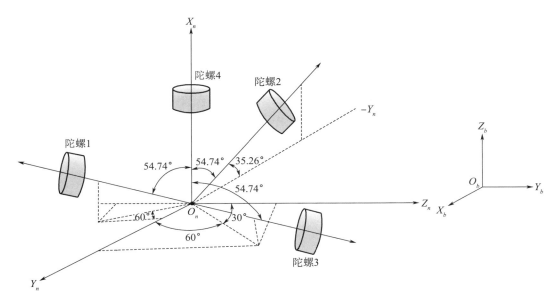

图 5 - 10　半球谐振陀螺惯性敏感器星体安装图

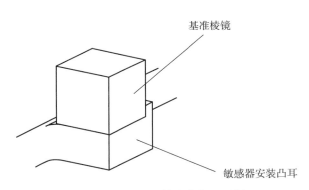

图 5 - 11　基准棱镜安装位置示例

一般配合面指结构件之间的结合面、印制板与结构件的安装结合面以及部分元器件与结构件的贴合面。这些配合表面对机械精度的要求可以适当放低，可以根据零件的功能同时兼顾加工经济性，选择合适的机械加工精度。

无论是重要配合面还是一般配合面，如无特殊需求，都可以采用小面积接触来代替大面积接触的接触形式，以提高加工的经济性，如图 5 - 12 的设计完全可以用图 5 - 13 的设计形式进行替换。

5.1.3.2　轻量结构下优良力学性能的实现

半球谐振陀螺惯性敏感器的结构设计需在满足各项性能指标的基础上，遵循轻量化理念，提升结构设计强度以实现轻量化与结构强度的均衡。

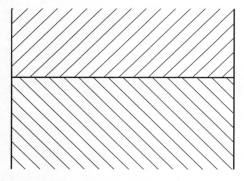

图 5 – 12　配合面的大面积接触

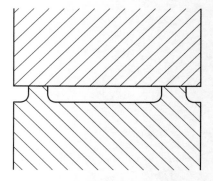

图 5 – 13　配合面的小面积接触

（1）结构轻量化

随着惯性敏感器技术的飞速发展，半球谐振陀螺惯性敏感器正朝着小型化、轻量化的方向发展。半球谐振陀螺惯性敏感器轻量化设计离不开结构材料的选取以及内部电路组件的合理化、小型化设计。

①材料选型

半球谐振陀螺惯性敏感器结构在选用材料时，应根据使用环境及功能要求，在保证结构强度等条件下，应用钛、铜、铝等材料代替钢作为结构或零、部、组件材料，尽可能用无磁性钛合金等非磁性材料代替磁性材料。材料选型应满足：低密度原则、高机械性能原则、高物理性能原则、应用环境适应性原则。

如果需要选择新型的材料、元器件，应充分了解新材料和元器件的抗辐照、真空冷焊、医学、工效学或其他特殊性能；陀螺惯性敏感器外壳应尽量选铝和铝合金材料，尽量不选用次级辐射严重的金属（如 Cu、Pb 等）；半球谐振陀螺惯性敏感器常用材料及其属性见表 5 – 1。

表 5 – 1　半球谐振陀螺惯性敏感器常用材料及其属性

序号	名称	牌号	抗拉强度/MPa	屈服强度/MPa	延长率/%	材料属性
1	镁合金	ZK61M	305	235	6	金属
2	铝合金	2A12	425	275	10	金属
3	钛合金板	TC4	895	825	30	金属
4	钢棒	1Cr18Ni9Ti	/	/	/	金属

②电路组件小型化

半球谐振陀螺惯性敏感器的电路板外形尺寸直接决定了陀螺产品结构外形，故在抗力学结构设计时应与电路设计师共同协调、合理划分电路板功能模块，以合理布置元器件，尽量缩小电路板幅面。电路组件设计时应遵循以下原则：降低整机质心、降低整机高度、缩短导热路径和增加散热效果，增加需要辐照防护器件的等效屏蔽厚度，保证板间安全间距。

（2）结构强度

结构强度是指结构抵抗破坏或塑性变形的能力，半球谐振陀螺惯性敏感器作为精确测量仪器，其结构一般不允许产生塑性变形。结构强度以结构受载后产生的应力值来度量，用符号 σ 来表示，单位为 MPa。半球谐振陀螺惯性敏感器的结构强度与结构构型、结构的刚度以及结构的阻尼等有关。

①结构强度的衡量准则

在使用过程中，半球谐振陀螺惯性敏感器的许多结构件都承受复杂的载荷，分析结构材料在复杂载荷状态下的破坏规律是结构强度设计的重要组成部分。试验表明，材料破坏主要有两种形式：断裂和屈服。断裂通常是由拉应力和拉应变过大所致；屈服（显著塑性变形）通常是由剪应力过大所致。

目前针对材料断裂的强度理论主要有第一强度理论和第二强度理论，针对屈服的强度理论主要有第三强度理论和第四强度理论[6]。

第一强度理论又称最大拉应力理论。只要最大拉应变 σ_1 达到材料单向拉伸断裂时的最大拉应变 σ_b，材料即发生断裂。因此，材料发生断裂的条件为

$$\sigma_1 = \sigma_b \tag{5-1}$$

第二强度理论又称最大拉应变理论，只要最大拉应变 ε_1 达到材料单向拉伸断裂时的最大拉应变 ε_b，材料即发生断裂。因此，材料发生断裂的条件为

$$\varepsilon_1 = \varepsilon_b \tag{5-2}$$

第三强度理论又称最大剪应力理论，只要最大拉应力 $\tau_{\max}$ 达到材料单向拉伸断裂时的最大拉应力 τ_s，材料即发生屈服。因此，材料发生断裂的屈服条件为

$$\tau_{\max} = \tau_s \tag{5-3}$$

第四强度理论又称形状改变比能理论。将外载荷做的功转为弹性体内的势能称为形状改变能，单位体积内的形状改变能称为形状改变比能。只要形状改变比能 u_d 达到材料单向拉伸断裂时的最大拉应力 u_{ds}，材料即发生屈服。因此，材料发生断裂的屈服为

$$u_d = u_{ds} \tag{5-4}$$

在对结构强度进行分析校核时，应根据半球谐振陀螺惯性敏感器结构承受载荷的实际情况，选择相应的强度理论对结构强度进行设计校核。

②提高结构强度的措施

提高半球谐振陀螺结构强度的主要措施为：提高结构刚度、结构阻尼、结构强度，合理选择结构构型，合理设计连接加固，合理设计电路板分板；在完成主要承重结构件设计后应对设计结构进行仿真验证，以确认所设计结构的理论抗力学振动能力。半球谐振陀螺惯性敏感器的结构强度与结构构型、刚度以及阻尼等有关。

首先，在结构构型中，需要设计合理的构型和壁厚，尽量设计回避应力集中的结构，避免应力集中造成的产品结构破坏。除此之外，还应考虑以下因素：

尽量选择韧性好、对应力集中不敏感的材料；尽量避免横截面有急剧突变，在零横截面尺寸和形状有改变的地方尽可能地用较大的圆角光滑过渡；在设计铆钉孔和螺钉孔时，

寻求合理的排列形式，以减少峰值应力；零件上应尽可能少开缺口，特别是在受拉表面尽量不开缺口；进行焊接件设计时，应合理布置焊缝，尽量避免焊缝交汇和过分密集，应使焊缝避开应力集中部位、加工面和表面热处理面等；零件表面打标记的部位应选择在低应力部位；在应力集中部位附近，可以开卸载槽、卸载孔或卸载沟。在零件设计过程中，特别是在受拉表面，不设计缺口。

不合理设计图示例如图 5-14 所示，合理设计示例如图 5-15 所示。

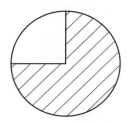

图 5-14   不合理设计

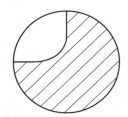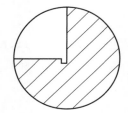

图 5-15   合理设计

其次，结构强度与结构刚度息息相关。刚度越大，结构抵抗变形的能力越强，其自身的固有频率也越高。提高结构刚度的相关措施有：

选择刚度比较高的材料；尽量缩小外壳的整体尺寸，以减轻质量，提高整体外壳的结构刚度，如尽量减小电路板间距，压缩无效空间；外壳壁采用加强筋板结构，能使构件重量不变而抗弯刚度比平板显著增加，在满足强度、刚度、导热、粒子辐照屏蔽要求和工艺水平的前提下尽量减小壁厚，以减轻重量；机箱安装凸耳与机壳连接部位应采用圆弧过渡并设计加强筋。

最后，结构阻尼在振动过程中起到耗散系统能量，降低结构响应的作用。结构阻尼的阻尼力通常与振幅平方成正比，且与速度方向相反。增大阻尼可使振动过程中响应的振动量级减小、载荷放大量值降低，从而降低系统结构的振动应力值，所以增大阻尼可以改善系统的动力环境、保护系统中电子产品的安全。增大阻尼采取的措施主要有：

在印制板板面敷以弹性固封材料，可以增大固封面积，甚至可以整体固封；在印制板上增加约束阻尼条；在印制板边缘增加连接阻尼；在不影响热性能和 EMC 的前提下，陀螺结构与安装连接处可设置阻尼隔振垫以吸收振动能量，降低敏感器结构的输入振动环境，但不应产生新的频率耦合现象。

结合以上设计原则，以半球陀螺惯性敏感器安装脚设计为例，可以将其设计为梯形凸耳和带加强筋的梯形凸耳。

梯形凸耳一般使用在重量较轻并用薄板材加工的安装底板上，凸耳根部设计为圆角过度。带加强筋的梯形凸耳可承受较大载荷，用于厚板材加工的安装底板上，同时也可将凸耳做在产品侧壁上与侧壁的加强筋成为一体，从而增加整体的抗弯刚度和连接强度。设计中常采用带加强筋的凸耳，常用安装角示意图如图 5 - 16 所示。

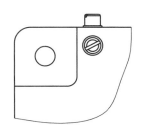

图 5 - 16　常用安装角示意图

③结构的连接强度设计

惯性敏感器的结构强度除了考虑零部件自身的强度之外，还要考虑各结构之间的连接强度。连接强度与螺纹紧固件的布局及螺纹连接件的紧固力矩息息相关。

1）螺纹紧固件的布局主要是指螺纹紧固件的安装数量以及螺纹紧固件在安装表面的分布[7]。通常，半球谐振陀螺惯性敏感器通过螺钉将产品固定在结构框架上，具体连接形式如图 5 - 17 所示。

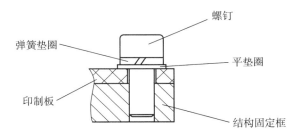

图 5 - 17　常见印制板组件的安装连接方式

将螺纹紧固件的连接安装面设计成几何对称形式，螺钉布置采用轴对称的形式，如图 5 - 18 所示。

螺钉位置布置应使各个螺钉的受力保持均匀；螺钉排列应有合理的间距和边距，并且需要保证留有必要的扳手操作空间；分布在同一圆周上的螺钉数目应确保是偶数；同一连接面上尽量选用性能等级相同、公称直径相同的螺钉。

在结合设计原则的前提下，可以根据结构的具体情况以及应用工况设计合理的螺钉布局。

2）螺纹连接件的紧固力矩。严格控制螺钉连接的旋紧力矩，尤其是靠近安装面附近的螺钉，既要达到紧固目的，又不能在振动或热应力作用下由于过紧使其断裂。

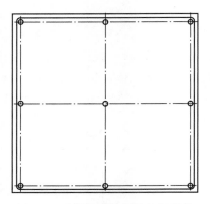

图 5 - 18　螺纹连接面的几何形状

安装时需要考虑到不同材料、不同用途和不同安装部位对紧固件安装的要求，以施加相应的预紧力。螺钉预紧力的施加通过拧紧力矩获得，为确保产品的力学性能具有一致性，需要对螺钉的安装力矩进行严格控制。螺钉的拧紧力矩常采用工程计算公式[8-9]

$$M = KdF \qquad\qquad (5-5)$$

式中　M ——拧紧力矩，N·m；

　　　K ——拧紧力矩因子；

　　　d ——螺纹的公称直径，mm；

　　　F ——预紧力，kN。

拧紧力矩因子 K 通过相关的测试试验获得。

5.1.3.3　均匀温度场的建立

半球谐振陀螺惯性敏感器热设计的目的是为陀螺表头建立均衡温度场，为发热量大的电子元器件设计合理的散热途径，避免局部高温造成元器件寿命降低，以提升设计可靠性[10]。在进行热设计时，需要重点考虑发热量大的器件布局和传热途径[11]。

（1）合理布局

保证印制板上的热功耗分布均衡，避免局部热功耗过于集中而导致元器件温度过高发生故障；同时，印制板之间应保持适当的距离，以免高热耗印制板影响周围印制板上的元器件；印制板在单机壳体内的位置应尽可能形成各自的导热途径，减小印制板到壳体间的热阻。

（2）加强散热途径

元器件通常安装在印制板或设备内部的散热铝板上，元器件的安装方式应尽可能减小元器件到印制板或散热铝板间的热阻，如图 5 - 19 所示，该设计中的发热模块通过散热板之后再安装到电路板上，其自身的发热通过散热板传递到结构上，避免了直接安装到印制板上造成的散热不佳。

针对大功率元器件，如 DC/DC、滤波器等，应集中安装在印制板中部且在其与印制板之间安装导热绝缘薄膜，采用螺钉和螺母的安装形式增大接触压力，加大传导散热。中

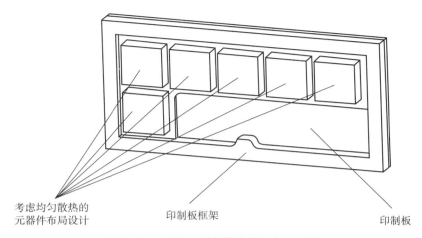

考虑均匀散热的
元器件布局设计　　　　　　印制板框架　　　　　　　印制板

图 5-19　考虑元器件散热均匀布局示例

功率元器件通过引脚焊在印制板上，通过引导脚和本身的对流、辐射进行散热。低功耗元器件，如电阻、电容、二极管、数字集成电路、MOS 管等，工作时的发热量较小，远低于它们的允许温度，因此安装时直接通过引脚焊在印制板上，通过引导脚和本身的对流、辐射进行散热。

　　半球谐振陀螺惯性敏感器壳体还需要通过安装面传导和机箱壳体辐射来散热，在电路板组件结构设计时应采用铝边框结构，电路板用小螺钉固定在铝边框上，铝边框与敏感器外壳接触（图 5-20）并用螺钉固定，热量通过组件边框与敏感器外壳进行热传导，散热效果良好。

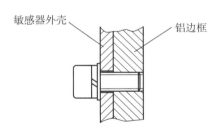

敏感器外壳　　　　　　　铝边框

图 5-20　铝边框与敏感器外壳接触示例

5.1.3.4　EMC 与结构加固设计

　　EMC 的干扰途径主要分为传导和发射。为阻断从空中辐射过来的电磁干扰，将半球谐振陀螺惯性敏感器结构设计成一个密闭的等势体。同时，结构外壳的设计与布局还要考虑敏感器系统在整星中的安装位置，与对辐射总剂量敏感器件的布局相结合，以达到最佳的抗辐射效果[12]。

　　（1）EMC 设计

　　半球谐振陀螺惯性敏感器结构的 EMC 设计主要是保证其外壳具有良好的电磁屏蔽，并避免内部走线不合理带来的相互干扰。

安装壳与主结构间常采用止口连接配合的形式，既有利于良好屏蔽，又可增强结构承重件连接处的抗振性能，如图 5 - 21 所示。

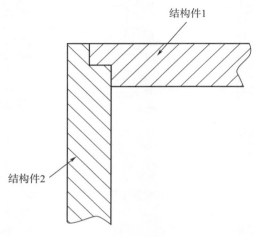

图 5 - 21　止口连接配合

内部连接线布置遵循以下原则：

根据陀螺结构内部各种电路板的布局情况，合理地安排对外电连接器的位置，使内外连线或电缆路径最短、线数最少，重量最轻。合理选择导线直径，以免线扎直径过大。对导线要进行捆扎，捆扎中部，允许有单根或少量导线处于绷紧的状态，以避免振动时断裂，并在适当部位设置夹线卡。走线应尽可能短，高压信号与微弱信号的走线尽量分开，以避免内部电磁干扰。

（2）敏感器的加固设计

固封材料需满足空间环境中放气率的要求，其固化温度要求为常温或较低温度，要有足够的粘结力、导热而电绝缘性能良好且不受湿度影响。元器件及电路板的固封材料为 GD414c、D04 等。电路板及其上的一般元器件用固封剂进行浸封或点封，对需要特殊加固的元器件用硅橡胶固封。

外壳结构件与主要承重结构件的固封方式：与外壳主结构连接的螺钉一般不再拆卸，在其组装完成后即可用硝基胶或厌氧胶固封，其他螺钉可用环氧树脂点封或用硅橡胶固封。

对于总剂量能力不足的元器件，需要在结构布局中进行重点考虑，当内部布局不足以满足等效屏蔽要求时，需要对结构进行局部加厚等处理措施。

5.1.3.5　仿真分析与验证

为验证结构设计的合理性，对半球谐振陀螺惯性敏感器进行仿真分析。主要从惯性敏感器自身的模态频率及承受振动的环境出发，应用有限元仿真软件分析惯性敏感器的力学性能；依据惯性敏感器内部元器件的发热功率，以及惯性敏感器的使用环境温度，仿真分析惯性敏感器的热学性能是否满足使用要求[13-14]。

从惯性敏感器结构的应力应变云图，可以获得结构的最大应力数值和最大应变所在位置。结合惯性敏感器结构的最大应变位置合理布置电子元器件，保证惯性敏感器的工作稳定及输出可靠。

惯性敏感器结构的温度云图反映了惯性敏感器结构在实际工作环境中各部分的温度分布，确保对温度敏感的电子元器件所处位置的温度满足其工作需求，确保电子元器件的工作可靠性。

半球谐振陀螺惯性敏感器的模态频率应避开载体安装环境的频率，以避免共振对结构产生破坏。对某惯性敏感器模态频率进行分析，计算前 6 阶模态频率[15]，计算结果如图 5－22 所示。

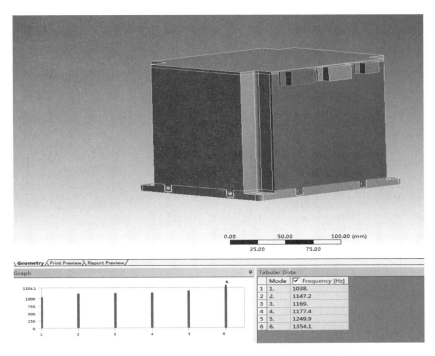

图 5－22　陀螺惯性敏感器模态频率分析结果（见彩插）

由计算结果可知惯性敏感器一阶模态频率超过 1 000 Hz，满足实际工况的需要，能够有效避开载体安装环境的频率，避免共振对结构产生的破坏影响。

对设计的惯性敏感器按照工作环境开展随机振动、正弦振动仿真分析，根据振动条件，仿真计算的应力、应变云图如图 5－23 和图 5－24 所示。

由图 5－23 和图 5－24 可知，惯性敏感器在随机、正弦振动下的最大应力值为 46 MPa，远小于金属材料的允许应力值，确定结构的强度满足实际使用的需要。

为验证惯性敏感器热设计方案的有效性，结合元器件的实际热功耗以及惯性敏感器的工作环境温度，仿真计算惯性敏感器的温度云图，如图 5－25 所示。

从惯性敏感器的温度云图可以看出惯性敏感器工作状态下的温度分布，其最大温度为 67 ℃，大功率电子器件所处位置的温度满足电子器件的工作温度需求。敏感器的结构热学设计满足实际使用的需要。

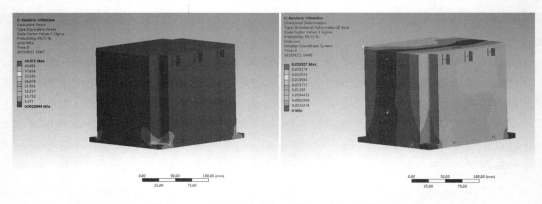

图 5-23　随机振动应力、应变云图（见彩插）

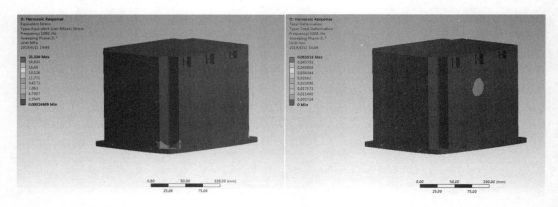

图 5-24　正弦振动应力、应变云图（见彩插）

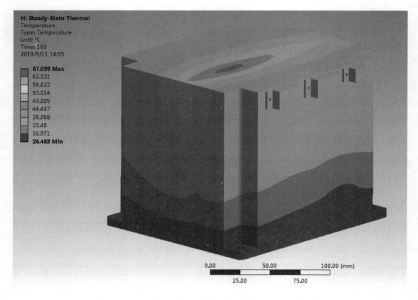

图 5-25　惯性敏感器的温度云图（见彩插）

　　仿真验证分析是惯性敏感器结构设计的重要环节。结合仿真计算结果，有利于找出惯性敏感器结构设计的薄弱环节，验证系统结构方案设计的合理性，为优化惯性敏感器结构设计提供依据。

5.2　陀螺组件误差分析与抑制

5.2.1　陀螺组件误差分析

　　应用于空间的半球谐振陀螺，其精度主要决定于陀螺输出的零位漂移和随机游走。零位漂移是指当输入角速度为零时，陀螺输出量围绕其均值的离散程度，其精度取决于陀螺表头、控制电路的精度以及外界环境的影响[16]。

　　半球谐振陀螺的零位漂移来源有正交误差、驻波方位漂移等。正交误差主要来源于谐振子频差，而驻波方位漂移则来源于谐振子 Q 值的不均匀性[17]。设谐振子的四波腹振动的表达形式为

$$w(\varphi, t) = p(t)\cos2\varphi + q(t)\sin2\varphi \tag{5-6}$$

式中　t ——时间；

　　　φ ——以半球谐振子球心为原点的球坐标系的方位角。

　　（1）Q 值不均匀性影响

　　当谐振子只存在 Q 值不均匀性时，可取谐振子 Q 值分布中最大的小阻尼轴为半球谐振陀螺的方位角零位置。此时动力学方程为可表示为

$$\ddot{p} + \frac{\omega_0}{Q_1}\dot{p} + \omega_0^2 p = f_0\cos2\alpha\cos\omega_\lambda t\,（振型\ p） \tag{5-7}$$

$$\ddot{q} + \frac{\omega_0}{Q_2}\dot{q} + \omega_0^2 q = f_0\sin2\alpha\cos\omega_\lambda t\,（振型\ q） \tag{5-8}$$

式中　ω_0 ——谐振子频率；

　　　Q_1 ——小阻尼轴 Q 值；

　　　Q_2 ——大阻尼轴 Q 值；

　　　α ——驱动电极相对于小阻尼轴的方位角；

　　　ω_λ ——驱动频率。

　　设谐振子工作在谐振状态，则 $\omega_0 = \omega_\lambda$。

　　对动力学方程进行求解，可以得到：

$$p = \frac{Q_1 f_0 \cos2\alpha}{\omega_0^2}\sin(\omega_0 t) \tag{5-9}$$

$$q = \frac{Q_2 f_0 \sin2\alpha}{\omega_0^2}\sin(\omega_0 t) \tag{5-10}$$

　　若 $Q_1 \neq Q_2$，对方位角进行解算则

$$\tan2\vartheta = \frac{q}{p} = \frac{Q_2}{Q_1}\tan2\alpha \tag{5-11}$$

可以看出，零位受到 Q 值不均匀的调制，即 Q 值不均匀会引入零位测量误差。

（2）频差的影响

当谐振子只存在频差时，可取谐振子频率最大的"轻轴"为半球谐振陀螺的方位角零位置。此时动力学方程为可表示为

$$\ddot{p} + \frac{\omega_p}{Q}\dot{p} + \omega_p^2 p = f_0 \cos 2\alpha \cos \omega_\lambda t \, (振型 \, p) \tag{5-12}$$

$$\ddot{q} + \frac{\omega_q}{Q}\dot{q} + \omega_q^2 q = f_0 \sin 2\alpha \cos \omega_\lambda t \, (振型 \, q) \tag{5-13}$$

式中　ω_p ——轻轴频率；

　　　ω_q ——频率最小的重轴频率；

　　　f_0 ——等效驱动力幅值；

　　　α ——驱动电极相对于轻轴的方位角；

　　　ω_λ ——驱动频率。

对动力学方程进行求解，可以得到

$$p = \frac{f_0 \cos 2\alpha}{\sqrt{(\omega_p^2 - \omega_\lambda^2)^2 + \left(\dfrac{\omega_p \omega_\lambda}{Q}\right)^2}} \cos(\omega_\lambda t + \theta_p) \tag{5-14}$$

$$q = \frac{f_0 \sin 2\alpha}{\sqrt{(\omega_q^2 - \omega_\lambda^2)^2 + \left(\dfrac{\omega_q \omega_\lambda}{Q}\right)^2}} \cos(\omega_\lambda t + \theta_q) \tag{5-15}$$

若 $\omega_p \neq \omega_q$ ，则 $\theta_p \neq \theta_q$ ，对方位角进行解算则

$$\tan 2\vartheta = \frac{q}{p} = \tan 2\alpha \frac{\cos(\omega_\lambda t + \theta_q)}{\cos(\omega_\lambda t + \theta_p)} \tag{5-16}$$

此时振型解算会出现实时漂移，因此必须要降低频差，以抑制正交误差。

（3）温度引起的误差分析

对半球谐振陀螺 Q 值不均匀性和频差影响分析的前提条件是温度场恒定，这与实际应用工程环境有一定差异。实际上，半球谐振子对环境温度非常灵敏，温度对谐振子的影响包括空间分布和时间变化两部分。

谐振子温度场空间分布梯度会引起谐振子形变和质心的变化，形变引入了密度或厚度的四次谐波，此时理想谐振子会出现频差；而质心的变化使得谐振子出现摇摆模态，能量将从固定轴传向固定基座，从而引入 Q 质不均匀[18-19]。为降低由于温度空间分布梯度引入的误差，应减少由壳体向敏感元件的热流或增加谐振子的热流。

设谐振子温度为 T ，记 T_0 为室温（25 ℃）。谐振子在不同温度下的杨氏模量为

$$E(T) = E(T_0) + k_E(T - T_0) \tag{5-17}$$

式中，k_E 为石英材料杨氏模量的温度系数。

Q 值随温度的变化主要来源于石英材料的热弹性阻尼。在不同温度下，热弹性阻尼方程为

$$Q_{\text{TED}}^{-1}(T) = \frac{E\alpha^2 T}{C_V} \frac{\omega_0 \tau}{1 + (\omega_0 \tau)^2} = k_Q T \tag{5-18}$$

式中　E ——杨氏模量；

　　　C_V ——定体积热容；

　　　ω_0 ——振动频率；

　　　τ ——时间常数；

　　　α ——热膨胀系数。

则在不同温度下谐振子的 Q 值为

$$Q^{-1}(T) = Q_0^{-1}(T) + k_Q(T - T_0) \tag{5-19}$$

$$k_Q = \frac{E\alpha^2}{C_V} \frac{\omega_0 \tau}{1 + (\omega_0 \tau)^2} \tag{5-20}$$

考虑谐振子温度的时间变化，则半球谐振陀螺动力学模型变为

$$\ddot{p} + \left(\frac{\omega_0}{Q_0} + \omega_0 k_Q(T - T_0) \right) \dot{p} + \omega^2(T) p = 0 \text{（振型 } p\text{）} \tag{5-21}$$

$$\ddot{q} + \left(\frac{\omega_0}{Q_0} + k_Q \omega_0(T - T_0) \right) \dot{q} + \omega^2(T) q = 0 \text{（振型 } q\text{）} \tag{5-22}$$

其中

$$\omega(T) = 1.52 \frac{h}{R^2} \sqrt{\frac{E(T)}{\rho(1+\mu)}} \approx \omega_0 + k_f(T - T_0) \tag{5-23}$$

式中　ω ——振动频率；

　　　T ——温度；

　　　E ——弹性模量；

　　　ρ ——密度；

　　　μ ——泊松比；

　　　h ——厚度；

　　　R ——半径；

　　　k_f ——谐振子频率的温度系数，约为 $80 \times 10^{-6}/℃$。

从动力学模型中可以得出，Q 值和频率随温度的时间变化使得陀螺的标度因数发生变化，将引入解算误差。因此，在高精度测量时，需要为陀螺仪提供稳定的温度环境。

5.2.2　陀螺组件误差抑制

由以上分析可知，陀螺表头的 Q 值不均匀性、谐振子频差以及外界温度的变化都会引起陀螺的漂移。而温度的变化进一步增大了 Q 值的不均匀性，使得陀螺的漂移进一步增大。为了实现半球谐振陀螺惯性敏感器的高精度测量，同时不引入其他未知的干扰，在敏感器中采用温控系统对陀螺进行温度控制。高精度陀螺需要采用两级或两级以上的温控，也会同时采用温控补偿法进一步减小温度误差。

5.2.3　表头的配置与可靠性

半球谐振陀螺惯性敏感器的核心敏感部件是陀螺表头，表头的配置数量除了要满足惯性空间三轴角速度测量的任务外，还要考虑可靠性与环境温度等影响因素。

（1）表头的配置

半球谐振陀螺组件根据配置的敏感器数量，构成模式有 3 表配置、4 表配置以及 6 表配置。其中 3 表配置是将 3 个陀螺仪正交安装，用于敏感载体 3 轴惯性姿态角速度信息，是构成惯性敏感器的最小要求，如图 5-26 所示，该方案结构简单，敏感器的三个敏感轴可以与系统的三个正交坐标轴平行，陀螺敏感轴敏感到的角速度即为载体在惯性空间中角速度对应敏感轴方向的分量，方便使用。

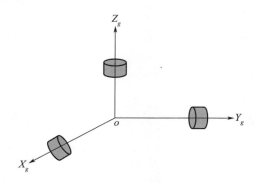

图 5-26　3 表配置方案陀螺安装示意

在 4 表配置方案中，4 个陀螺敏感轴在满足一定矢量关系的基础上，可根据空间需求任意排列。其最经典的排列为 3 正交 1 斜装冗余备份方案，也称"3＋1S"方案。采用该方案的陀螺惯性敏感器系统，3 只陀螺正交安装，剩余 1 只陀螺与其他 3 只陀螺均呈 54.74°的构型，可以敏感其他 3 个轴的角速度分量，因此可以作为其中任意一轴陀螺的备份，极大提高惯性敏感器的可靠性。

（2）可靠性

根据半球谐振陀螺惯性敏感器内部的安装关系，其输出角速度与星体惯性角速度的关系为

$$
\begin{bmatrix} \omega_1 \\ \omega_2 \\ \omega_3 \\ \omega_4 \end{bmatrix} = \begin{bmatrix} \sqrt{3}/3 & \sqrt{6}/6 & -\sqrt{2}/2 \\ \sqrt{3}/3 & -\sqrt{6}/3 & 0 \\ \sqrt{3}/3 & \sqrt{6}/6 & \sqrt{2}/2 \\ 1 & 0 & 0 \end{bmatrix} \begin{bmatrix} \omega_{xn} \\ \omega_{yn} \\ \omega_{zn} \end{bmatrix} = \begin{bmatrix} \sqrt{3}/3 & \sqrt{6}/3 & 0 \\ \sqrt{3}/3 & -\sqrt{6}/6 & \sqrt{2}/2 \\ \sqrt{3}/3 & -\sqrt{2}/2 & -\sqrt{6}/6 \\ 1 & 0 & 0 \end{bmatrix} \begin{bmatrix} 0 & 0 & 1 \\ 1 & 0 & 0 \\ 0 & 1 & 0 \end{bmatrix} \begin{bmatrix} \omega_{xb} \\ \omega_{yb} \\ \omega_{zb} \end{bmatrix}
$$

$$(5-24)$$

式中　ω_1，ω_2，ω_3，ω_4——分别为 4 个陀螺敏感到的角速度；

ω_{xn}，ω_{yn}，ω_{zn}——在半球谐振陀螺惯性敏感器本体 n 系 $X_n Y_n Z_n$ 轴上的角速度；

ω_{xb}，ω_{yb}，ω_{zb}——卫星本体 b 系 $X_b Y_b Z_b$ 轴上的角速度。

对陀螺输出进行周期采样，采样时间为 T_s，$\Delta g_i (i = 1, 2, 3, 4)$ 是 4 个陀螺的角增量输出，由半球谐振陀螺惯性敏感器的输出数据计算陀螺表坐标系下卫星角速度的公式。

1）1、2、3 陀螺惯性敏感器输出。

k 时刻惯性角速度在 n 系投影的分量为

$$
\begin{bmatrix} \omega_{xn}(k) \\ \omega_{yn}(k) \\ \omega_{zn}(k) \end{bmatrix} = \begin{bmatrix} \sqrt{3}/3 & \sqrt{3}/3 & \sqrt{3}/3 \\ \sqrt{6}/6 & -\sqrt{6}/3 & \sqrt{6}/6 \\ -\sqrt{2}/2 & 0 & \sqrt{2}/2 \end{bmatrix} \begin{bmatrix} \Delta g_1(kT_s)/T_s \\ \Delta g_2(kT_s)/T_s \\ \Delta g_3(kT_s)/T_s \end{bmatrix} \tag{5-25}
$$

2）1、2、4 陀螺惯性敏感器输出。

k 时刻惯性角速度在 n 系投影的分量为

$$
\begin{bmatrix} \omega_{xn}(k) \\ \omega_{yn}(k) \\ \omega_{zn}(k) \end{bmatrix} = \begin{bmatrix} 0 & 0 & 1 \\ 0 & -\sqrt{6}/2 & \sqrt{2}/2 \\ -\sqrt{2} & -\sqrt{2}/2 & \sqrt{6}/2 \end{bmatrix} \begin{bmatrix} \Delta g_1(kT_s)/T_s \\ \Delta g_2(kT_s)/T_s \\ \Delta g_4(kT_s)/T_s \end{bmatrix} \tag{5-26}
$$

3）1、3、4 陀螺惯性敏感器输出。

k 时刻惯性角速度在 n 系投影的分量为

$$
\begin{bmatrix} \omega_{xn}(k) \\ \omega_{yn}(k) \\ \omega_{zn}(k) \end{bmatrix} = \begin{bmatrix} 0 & 0 & 1 \\ \sqrt{6}/2 & \sqrt{6}/2 & -\sqrt{2} \\ -\sqrt{2}/2 & \sqrt{2}/2 & 0 \end{bmatrix} \begin{bmatrix} \Delta g_1(kT_s)/T_s \\ \Delta g_3(kT_s)/T_s \\ \Delta g_4(kT_s)/T_s \end{bmatrix} \tag{5-27}
$$

4）2、3、4 陀螺惯性敏感器输出。

k 时刻惯性角速度在 n 系投影的分量为

$$
\begin{bmatrix} \omega_{xn}(k) \\ \omega_{yn}(k) \\ \omega_{zn}(k) \end{bmatrix} = \begin{bmatrix} 0 & 0 & 1 \\ -\sqrt{6}/2 & 0 & \sqrt{2}/2 \\ \sqrt{2}/2 & \sqrt{2} & -\sqrt{6}/2 \end{bmatrix} \begin{bmatrix} \Delta g_2(kT_s)/T_s \\ \Delta g_3(kT_s)/T_s \\ \Delta g_4(kT_s)/T_s \end{bmatrix} \tag{5-28}
$$

将 n 系下的角速度测量值转换到 b 系下的角速度，转换式为

$$
\begin{bmatrix} \omega_{xb} \\ \omega_{yb} \\ \omega_{zb} \end{bmatrix} = \begin{bmatrix} 0 & 1 & 0 \\ 0 & 0 & 1 \\ 1 & 0 & 0 \end{bmatrix} \begin{bmatrix} \omega_{xn} \\ \omega_{yn} \\ \omega_{zn} \end{bmatrix} \tag{5-29}
$$

相对于传统的三轴正交配置，采用 3 正交 1 斜装冗余备份配置的 4 陀螺方案的可靠性可以提升 75% 左右，见表 5-2（设每只陀螺的失效率为 λ，则 t 时间下 3 表配置的可靠性为 $e^{-3\lambda t}$，并假定 3 轴正交配置下可靠性当量为 1）。

表 5 - 2　"3＋1S" 与三轴正交配置可靠度对比

配置方案	可靠性 R_0	MTBF	比值
三轴正交配置	$e^{-3\lambda t}$	$\dfrac{1}{3\lambda}$	1
3＋1S 方案	$4e^{-3\lambda t} - 3e^{-4\lambda t}$	$\dfrac{7}{12\lambda}$	1.75

　　具体在设计中应采用何种配置，需要综合考量成本、可靠性需求、惯性敏感器的重量以及体积等方面的要求。

5.3　电路系统的设计

5.3.1　电路系统的组成

　　半球谐振陀螺惯性敏感器的电路系统按功能划分包括二次电源电路、陀螺控制电路、接口电路等。电路系统是惯性敏感器实现角速度测量、输入输出、内部温控、陀螺控制等各项功能和性能的平台，直接影响产品的可靠性、寿命、精度以及各项总体功能和性能指标。电路系统框图如图 5 - 27 所示。

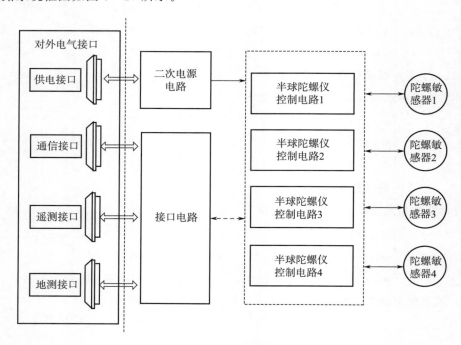

图 5 - 27　电路系统框图

　　二次电源电路是实现对载体供电一次电源的转换，得到惯性敏感器内部处理电路所需的稳定二次电源，同时将二次电源与一次电源隔离，避免将一次电源的干扰引入到测量中。

　　二次电源电路除满足半球谐振陀螺、单机内部信号处理电路等供电要求外，还需要考虑温控电路等对二次电源的需求，并采取适当的隔离措施，确保温控电路不对陀螺输出造成影响。此外，当惯性敏感器内部电路进行冗余备份设计时，二次电源电路还要提供冷（热）备份的供电电源以及电源切换电路。当惯性敏感器的启动功耗过大时，为避免对母线供电电压的扰动，还需要对惯性敏感器的供电进行浪涌抑制。

　　陀螺控制电路用于实现半球谐振陀螺的闭环控制，输出与敏感头输入角速度线性相关的电压（或数字量）信号，供计算机电路数据采集打包，最终遥测到上级系统。陀螺控制电路是半球谐振陀螺实现高精度角速度测量的基础，它的输出误差直接决定了最终输出角速度的信息误差，因此是惯性敏感器软硬件系统设计的重点。

接口电路用于实现单机对外电气接口电路（通信接口、遥测接口、地测接口、开关接口）、单机内部各组件之间的过压保护接口等。接口电路主要包括接口计算机与信号转接电路两部分。接口计算机采集陀螺角速度信息、状态信息，处理惯性敏感器内部温控组件的温控信息以及与上级系统进行通信，信号转接电路实现敏感器系统内部信号及供电的转接。

模数转换电路是惯性敏感器内部模拟信号数字化的核心电路，其精度直接影响惯性敏感器使用精度。模数转换可以采用 A/D 转换电路、V/F 转换电路、I/F 转换电路三种类型。在 A/D 转换电路进行设计时，需要考虑的因素有转换精度、采样率（转换速率）、采样范围、串（并）行、同（异）步等。根据耐奎斯特定律，AD 采样率至少是原始信号频率的 2 倍才能还原信号，因此对于快速动态响应系统，尤其是带宽较宽的陀螺，用 A/D 转换比较适合。在 V/F 转换电路进行设计时，需要考虑的因素有测量范围、1 bit 分辨率（脉冲当量）、积分时间等，由于 V/F 转换电路输出的脉冲频率与输出电压成正比，因此将脉冲数进行单位时间积分，可以得到对应的角速度积分值，非常适合低带宽、慢速度的控制系统进行模数转换。而 I/F 转换电路的应用与 V/F 转换电路相同，只是输入的物理量为电流信号[20]。

5.3.2　电路的设计要点

半球谐振陀螺惯性敏感器的电路设计，要满足陀螺组件的高精度供电需求，隔离陀螺之间相互的电气影响，满足惯性敏感器的整体可靠性指标。

5.3.2.1　二次电源

陀螺供电的二次电源冗余方案有"1（电源）拖 4（陀螺）"和 4× "1 对 1 两种方案，如图 5 - 28 和图 5 - 29 所示。"1 拖 4"方案可以对器件进行有效合理利用，减少使用的电源模块，但存在单点失效风险；为消除单点失效风险，需要对"1 拖 4"后面的分支增加过流保护。4× "1 对 1"方案实现了全部电路互相独立，无单点失效模式，但是该方案效率低下且体积尺寸大。

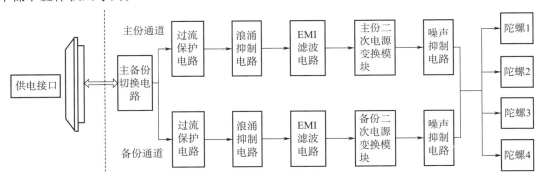

图 5 - 28　"1 拖 4"电源电路拓扑图

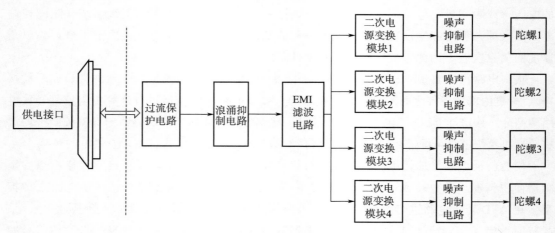

图 5 - 29　"1 对 1"电源电路拓扑图

二次电源是半球谐振陀螺惯性敏感器电路系统的重要组成部分，为满足航天型号的设计要求及相应的功能需要，在该电路设计时，必须注意以下两点：

1）采用"1 拖 4"模式下的电源方案，主备份供电通道不能同时上电；

2）由 DC/DC 模块的工作特点决定了其产生的直流电压，被叠加了高频率（通常位于 150～600 kHz）的窄脉冲噪声，通常该噪声的峰值达到 100 mV 量级，这是陀螺供电电源所不能容忍的。特别是对于更高精度（达到或优于导航级别）的陀螺，该噪声指标往往要求优于 20 mV 以下，需要对噪声抑制进行特殊设计。

5.3.2.2　接口电路

接口电路包括：通信接口电路、遥测接口电路、地测接口电路、开关接口电路、过压保护等电路，如图 5 - 30 所示。

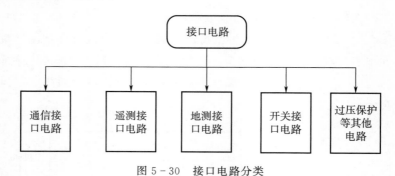

图 5 - 30　接口电路分类

（1）通信接口电路

通信接口电路主要用于控制姿轨控分系统指令的接收、解析和应答帧返回、陀螺串口数据和地检数据的接收和解析、陀螺积分时间获取、陀螺参数设置以及陀螺角增量的数据处理。常用的通信接口类型为 RS422 及 1553B 总线接口。通信接口的功能模块主要有陀螺数据采集与处理、温控数据采集与处理。

①陀螺数据采集与处理

接口电路接收陀螺数据，并对接收到的陀螺数据进行校验，当检测到正确的陀螺数据时，可对数据进行解析（图 5 - 31）。

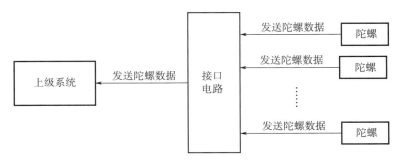

图 5 - 31　陀螺数据采样接收图

陀螺数据采样接收可采用应答式和盲发式两种工作模式。应答式工作模式为接口电路发送指令，陀螺接收到指令后，向接口电路发送陀螺数据；盲发式工作模式为陀螺以一定的周期连续向接口电路发送陀螺数据，接口电路被动的接收来自陀螺的数据。两种工作模式均要求接口电路在接收陀螺数据过程中不丢数据。

②温控数据采集与处理

接口电路接收温控数据，并对接收到的温控数据进行校验，当检测到正确的温控数据时，对数据进行解析（图 5 - 32）。

温控数据采样采用盲发式工作模式，即温控系统以一定的周期连续向接口电路发送温控数据，接口电路接收到温控数据后，更新温度寄存器，向上级系统发送最新的温控数据。

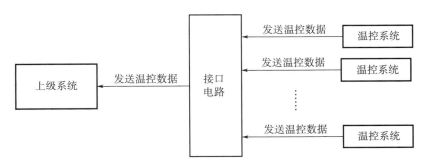

图 5 - 32　温控数据采样接收图

（2）遥测接口电路

遥测接口电路用于为上级系统（遥测系统）提供模拟量遥测信号，主要包括供电遥测电压、陀螺模拟量遥测电压、热敏电阻引出线及其他能够表征惯性敏感器故障诊断的重要信号。

每个遥测电压尽量配备一根信号参考地线；为避免单机输出的二次信号地线与多个上级系统混联，遥测信号参考地线一般不可作为通信接口内的信号回线；多余的接口空针要接地处理。

（3）地测接口电路

地测接口是用于单机调试时的接口，也通常用于提供姿轨控系统半物理仿真时的姿态角速度（或姿态角度）数据注入及转发功能。因此，地测接口在半球谐振陀螺惯性敏感器在轨正常执行任务时，是不起作用的或与星上其他系统物理隔离。地测接口提供单机内部地测电路的供电电压触点（触点 1 与触点 2 用于地测电路供电的通与断）；采用 RS422 点对点的通信方式，由外部地测的终端数据注入，单机提供差分数据线端口；为方便单机内部电路在整机状态下调试与测试，通常将内部电路的通信口引出到地测接口上，但须注意内部隔离保护。

在空间用惯性敏感器中，除通信接口、遥测接口以及地测接口等几种常用的接口电路外，还有开关电路和过压保护电路。开关电路用于系统与单机之间，开启和关闭单机的磁保持继电器。过压保护电路主要对运算放大器的输入进行保护，可采用异常电压旁路至电源或采用稳压二极管限幅器保护两种方法。

5.3.2.3　电路的可靠性

半球谐振陀螺在理论上具有长寿命和高可靠性，所以半球谐振陀螺惯性敏感器的寿命和可靠性主要由电路的可靠性决定。电路的可靠性，除选取高可靠电子元器件外，最直接有效的方式就是对电路进行冗余设计。因此，在可靠性层面，电路可根据是否冗余设计进行划分。

（1）电路无冗余设计

电路无冗余设计一般用在对使用寿命要求不高的场合，这种设计结构简单，具有成本低、体积小的特点。俄罗斯无冗余方案去壳后原型机如图 5-33 所示。

图 5-33　俄罗斯无冗余方案去壳后原型机（梅捷科公司推介 PPT 公开材料）

（2）电路冗余设计

电路冗余设计主要用在对使用寿命要求较高的场合。主要针对可靠性薄弱环节引入冗余设计，增强系统使用的健壮性。在这种方案中，陀螺信号处理电路一般采用一对一设计，即一只表头对应一套信号处理电路。后续的信号采集、二次电源、温控组件等根据需求采用冗余设计，图 5 - 34 是为惯性敏感器采用的"3＋1"冗余方案。

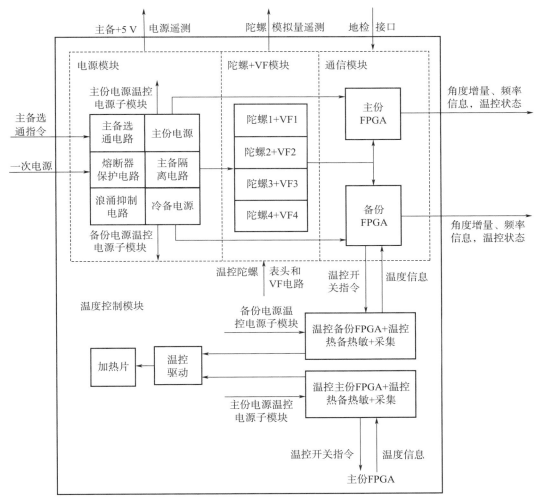

图 5 - 34　"3＋1"冗余方案

国外 Delco 开发的全冗余方案（如图 5 - 35 所示）中，采用了 4 只半球谐振陀螺表头和 4 只加速度计产品，每路表头分别对应 1 套信号缓冲电路、模拟电子线路、模数转换电路，4 路陀螺共用 1 套数字信号处理电路、输入输出接口以及供电电路，且全部采用了全冗余设计。

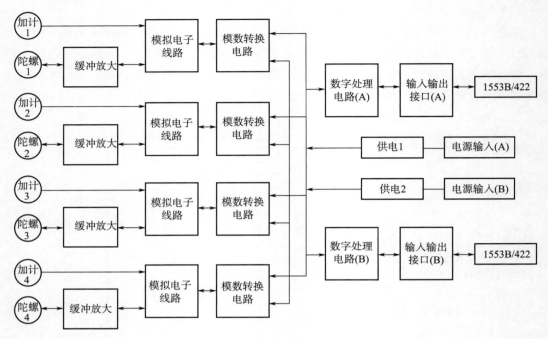

图 5 - 35　国外 Delco 开发的全冗余方案

参 考 文 献

［1］ 赵万良，荣义杰，齐轶楠，蔡雄星．载半球谐振陀螺惯性敏感器研究进展［C］．中国惯性技术学
会第七届学术年会会议，2015．

［2］ 齐轶楠，赵辉，赵万良，张强．半球谐振陀螺组合零偏稳定性提升技术研究［J］．导航定位与授
时，2015，2（6）：35－38．

［3］ Safran Electronics & Defense，BlueNaute PRIMU 半球谐振惯性系统［Z］．

［4］ DAVID M ROZELLE．The hemispherical resonator gyro：from wineglass to the planets［J］．
Advances in the Astronautical Sciences，2009，134：1157－1178．

［5］ SERGII ADOLF SARAPULOFF．Main directions of development of solid－state resonator
gyroscopes［C］．Sino－Ukrainian Forum on S&T，2015，6：22－26．

［6］ 徐灏．新编机械设计师手册［M］．北京：机械工业出版社，1995．

［7］ 中国机械工程学会，中国机械设计大典编委会．《中国机械设计大典》［M］．江西科学技术出版
社，2002．

［8］ 孙小炎，佘公藩，陶华，等．GJB715.15－90 紧固件试验方法力矩—拉力［S］．国防科学技术工
业委员会，1990．

［9］ 孙小炎，马显军．QJ2886－97 钛合金螺栓拧紧力矩［S］．中国航天工业总公司，1997．

［10］ 蔡雄，赵万良，孙茂强，等．半球谐振陀螺组合高精度温控技术［C］．中国惯性技术学会第七届
学术年会会议，2015，10：36－38．

［11］ 姜庆安．半球谐振陀螺数字控制电路温度适应性及陀螺动态特性研究［D］．长沙：国防科技大
学，2012．

［12］ 杨晓超，王春琴，等，中高地球轨道高能粒子辐射环境分析［C］．第二十六届全空间探测学术研
讨会，2013，10．

［13］ 周强，覃施甦，方海斌，等．半球谐振陀螺温度特性及补偿分析［J］．压电与声光，2015，37
（5）：818－820．

［14］ 杨大明．空间飞行器姿态控制系统［M］．哈尔滨：哈尔滨工业大学出版社，2000．

［15］ 沈博昌，伊国兴，任顺清等．半球谐振陀螺仪振子振动特性的有限元分析［J］．中国惯性技术学
报，2004，12（6）：57－59．

［16］ 钱勇．高精度三轴稳定卫星姿态确定和控制系统研究［D］．西安：西北工业大学，2002：94－96．

［17］ 方海斌，周强，覃施甦，等．半球陀螺零偏的在轨标定［J］．压电与声光，2014，36（6）：
903－906．

［18］ 马特维耶夫（俄罗斯）．固体波动陀螺［M］．北京：国防工业出版社，2009．

［19］ 刘宇．固态振动陀螺与导航技术［M］．北京：中国宇航出版社，2010．

［20］ LI SHAO－LIANG，ZHAO WAN－LIANG．Suppression technique of resonant electric coupling
between gyroscopes in HRG unit［C］．Proceedings of 2016 China International Conference on
Inertial Technology and Navagation，2016．

第 6 章　半球谐振陀螺惯性敏感器性能测试与误差分析

惯性敏感器是用于测量空间飞行器姿态的重要装置，半球谐振陀螺惯性敏感器因其高精度、高可靠性以及长寿命等优越性能在空间领域得以应用。半球谐振陀螺惯性敏感器的测量值用于稳定和指引空间飞行器的惯性姿态，测量值的精度和性能直接影响空间飞行任务的完成效能。空间环境复杂，引起半球谐振陀螺惯性敏感器的误差源参差不一，因此建立半球谐振陀螺惯性敏感器的指标评价体系，对其误差进行分析和测试，在半球谐振陀螺惯性敏感器的工程应用中必不可少。

6.1　半球谐振陀螺惯性敏感器指标评价体系

半球谐振陀螺惯性敏感器测试项目可以分为基础条件检查和功能性能指标测试两大类。基础条件检查包括产品外观及机械接口检查、热设计及接口检查、电接口、接地检查；功能性能指标测试包括功能指标测试和性能指标测试。半球谐振陀螺惯性敏感器要求在特定环境下也能实现其功能、达到其性能，故必须对其进行环境适应性评价。

6.1.1　功能性能指标评价

半球谐振陀螺惯性敏感器的功能性能技术指标包括惯性敏感器产品系统层级的指标和各敏感轴的精度指标。惯性敏感器产品系统层级的指标包括产品的体积、质量、功耗、供配电要求及特性、剩磁等系统级评价，是对产品使用方面的要求；而各敏感轴的精度指标是指对角速度敏感精度的评价，其评价体系主要参考速率陀螺的指标评价体系，包括零偏系列指标、标度因数系列指标、随机游走系数以及阈值、分辨率和带宽等。

6.1.1.1　与零偏相关的指标

与零偏相关的指标包括零偏、零偏稳定性、零偏重复性、零偏温度灵敏度等。这些参数是衡量陀螺精度的重要指标，也决定了惯性敏感器的最终精度与使用价值，是众多误差项中最复杂、最难控制的指标。

（1）零偏（B_0）

零偏指速率陀螺中输入速率为零时陀螺的输出量，常用等效的输入速率表示。通常以常值漂移代指陀螺或惯性姿态敏感器的零偏，即零偏、偏值、零位和常值漂移可认为是同一指标。

在测试标定中，由于半球谐振陀螺对 g 不敏感，因此标定方法较为简单。只利用工装使需要测量的敏感轴输出朝天，与水平面垂直，待产品预热完成后，测量一定的输出，求取测量数据的平均值，扣掉地速分量后即可得到该向敏感轴的零偏。

（2）零偏稳定性（B_s）

零偏稳定性是当输入为零时，输出量绕其均值的离散程度。零偏稳定性以规定时间内输出量的标准偏差相应的等效输入表示。

（3）零偏重复性（B_r）

在相同条件下及规定的时间间隔内，重复测量零偏的一致程度，对多次测量的零偏数据取标准偏差即得到零偏重复性指标。该指标根据测量的周期又分为天重复性、月重复性以及年重复性等。

（4）零偏温度灵敏度（B_t）

零偏温度灵敏度指零偏在一定的温度范围内变化的程度，一般用单位温度内零偏的变化量来表征。

6.1.1.2　标度因数（K_0）及其误差（ε_k）

标度因数是输出变化与要测量的输入变化的比值。标度因数通常是用某一特定直线的斜率表示，该斜率是根据整个正（或负）输入角速率范围内测得的输入/输出数据，通过最小二乘法拟合求出的直线斜率。对于以数字量输出的惯性敏感器，由于输出是以脉冲或者数字的形式，因此也用脉冲当量或数字当量来表示，与标度因数为倒数关系。

标度因数的误差主要包括标度因数的稳定性和重复性。两者的计算方法相同，区别在于测试时数据采集的时机不同。标度因数的稳定性主要关注的是一次上电，以及对标度因数进行多次测量所得到的多组数据的一致性；标度因数的重复性重点关注的是多次开机情况下的一致性。

6.1.1.3　失准角（α_m、β_m 和 γ_m）

失准角即输入轴失准角，是惯性敏感器处在零位时输入轴与相应的输入基准轴之间的夹角。该失准角由陀螺安装误差及陀螺固有失准角两部分构成，可通过输入轴及基准轴与相应的机体坐标系的三轴夹角偏差来标定。当陀螺的零偏较为稳定，且与惯性姿态敏感器所摆放的位置等因素无关时，可通过六位置法或速率转台完成对输入轴失准角的标定。

6.1.1.4　随机游走系数

随机游走系数是表征陀螺角速度输出白噪声大小的一项技术指标，它反映的是陀螺输出的角速度积分（角度）随时间积累的不确定性（角度随机误差）。

6.1.1.5　阈值、分辨率、死区、最大量程

阈值是指最小输入量的最大绝对值。由该输入量所产生的输出量至少应等于按标度因数所期望输出的 50%。

分辨率是指在输入量大于阈值时，陀螺在规定的输入角速率下，能敏感的最小输入角速率增量，即由该最小输入角速率增量所产生的输出增量，至少应该等于按标度因数所期望的输出增量的 50%。测试时，一般取 20～50 倍阈值附近的速率点进行分辨率的测试。

死区是指在输入极限之间输入量的变化引起的输出变化，小于按标定的标度因数计算输出的 10%（或其他小量）的区域。当该小量为 50% 时，即为阈值的定义。

最大量程一般指输入的最大角速度范围与其阈值的比值。

6.1.1.6　带宽（B_w）及噪声

带宽反映的是产品对输入角速率变化跟踪的能力。一般将期望输出幅值降为输入幅值的 0.707（即下降 3 dB 时的输入变化频率），或将期望输出的相位滞后输入相位 90° 时的系统输入频率，定义为产品的带宽。在对相位关注相对较少的场合，一般按前者进行测试。

6.1.2　环境适应性评价

对应用于航天工程的惯性敏感器，其所应适应的环境不仅包括惯性敏感器安装的电磁环境、使用的空间环境，还包括卫星等在发射升空以及星箭分离过程中所能承受的力学等环境因素。考虑到航天飞行器产品的不可在轨维修及空间环境的复杂性，以及半球谐振陀螺作为振动陀螺对振动环境的敏感性，必须建立半球谐振陀螺敏感器环境适应性评价体系，该评价体系关系到产品能否在任务周期内正常运转。

各项环境试验如下。

（1）力学环境

①加速度试验

加速度试验研究半球谐振陀螺惯性敏感器对加速度的响应以确定敏感器所能承受连续或波动加速度的能力。

②振动试验

振动试验研究半球谐振陀螺惯性敏感器谐振响应处的频率及其量值，评估敏感器加速度平方的相关性，估计敏感器在振动环境中输出信号的噪声特性变化，评估敏感器在特殊振动环境下的适应性和抗毁性。

③冲击试验

冲击试验研究半球谐振陀螺惯性敏感器对于施加冲击的响应，并确定敏感器对极短周期（一般为毫秒级）加速度的恢复能力。

（2）热环境及稳定性

①热循环试验

热循环试验检验半球谐振陀螺惯性敏感器在贮存、运输、测试、发射准备和飞行期间所能承受地面温度环境和飞行状态温度的能力，同时也可及早发现和剔除敏感器的早期失效。

②热真空试验

热真空试验模拟太空真空环境，研究半球谐振陀螺惯性敏感器在真空环境下适应温度变化的能力。

③高温老炼试验

高温老炼试验通过高温老炼来考核半球谐振陀螺惯性敏感器使用寿命，提早剔除不合格品，在老炼试验中半球谐振陀螺惯性敏感器需连续通电监测其主要性能指标。

④全温度范围试验

全温度范围试验是对半球谐振陀螺敏感器在全工作温度范围内进行的性能测试，确保惯性敏感器能够在全工作温度范围内正常工作。

（3）空间环境及其他

①低气压放电试验

研究半球谐振陀螺惯性敏感器在低真空环境中工作时，承受电晕、飞弧和介质击穿的能力。

②静电放电试验

静电放电试验研究半球谐振陀螺惯性敏感器在传导和辐射模式下承受静放电干扰的能力。

③电磁兼容性试验

电磁兼容性试验研究半球谐振陀螺惯性敏感器的电磁兼容性能，在敏感器设计和研制的初期，要注意正确选取各类有源和无源器件，并采用恰当的电路设计和印刷线路板（PCB）分层布局技术，提高数字信号电路的集成度和模拟电路的信噪比，使敏感器能够满足 EMC 规范。

④磁测试试验

磁测试试验是检验半球谐振陀螺惯性敏感器对磁场的敏感程度。

综上所述，环境试验是对产品进行环境适应性调查、分析和评价的一种手段，是为了了解、评价、分析和提高产品的环境适应性而进行各种试验的总称。试验结果为验证设计、评价产品和指导产品使用提供依据。半球谐振惯性敏感器的环境试验项目及其环境适应性评价依据见表 6-1。

表 6-1　半球谐振陀螺惯性敏感器环境试验项目

环境试验类型	环境试验项目	评价依据
力学环境	加速度试验	试验前后产品零位无明显变化
	振动	试验前后产品零位无明显变化
	冲击	试验前后产品零位无明显变化
热环境及稳定性	热循环	试验中产品电压电流无明显变化，试验前后产品零位无明显变化
	热真空	试验中产品电压电流无明显变化，试验前后产品零位无明显变化
	高温老炼	试验中产品电压电流无明显变化，试验前后产品零位无明显变化
	全温度范围	试验中产品输出无明显变化

续表

环境试验类型	环境试验项目	评价依据
空间环境及其他	低气压放电	试验中产品噪声无明显变化
	静电放电	试验中产品噪声无明显变化
	电磁兼容性	试验中产品噪声无明显变化
	磁测试	产品剩磁矩满足系统要求

6.2　半球谐振陀螺惯性敏感器误差分析

半球谐振陀螺惯性敏感器的误差主要来源于各个敏感轴上陀螺的测量误差。陀螺由敏感器件（谐振子、激励罩以及读出基座等）和处理电路组成，敏感器件误差大都是确定性的系统误差，可以通过多次测试标定的方法来补偿其对敏感器性能的影响。而电路、敏感器件的结构不稳定性因素、激励电压的不稳定性、信号采集与处理系统的不稳定性、电导随机涨落引起的 $1/f$ 噪声、散弹噪声、爆裂噪声等会导致半球谐振陀螺惯性敏感器产生随机误差。随机误差对半球谐振陀螺惯性敏感器性能的影响必须通过建立陀螺的随机漂移数学模型，补偿其导致半球谐振陀螺惯性敏感器产生的随机漂移，对此国内外科技工作者做了大量的工作。

随机漂移产生的机理错综复杂，要建立相应的状态方程比较困难。早在 20 世纪 60～70 年代，罗伯特·L. 哈蒙（Robert L. Hammon）假设在有限时间段内的陀螺漂移为平稳随机过程，通过自相关函数来描述陀螺的随机漂移[1]。艾伦·杜什曼（Allan Dushman）在陀螺实际测试数据的基础上发现陀螺漂移的非平稳特性，提出了大样本集合估计自相关函数[2]。范·狄伦多诺克·A. J.（Van Dierendonok A. J.）和布朗·R. G.（Brown R. G.）于 1969 年用差分方程来描述陀螺漂移，并用梯度下降法确定相关系数[3]；鉴于这种方法仅考虑了随机过程的自回归部分，而忽略了滑动平均部分，于是奥拉韦茨·A. S.（Oravetz. A. S.）于 1970 年应用博克思·詹金斯（Box - Jenkins）方法用差分器处理非平稳部分，再用 ARMA 模型分析差分数据的平稳特性[4]。格雷耶（Grehier）等人在陀螺随机漂移的非平稳性、时间序列建模方面做了不少工作，发表了多篇有关时间序列分析在惯导系统中应用的文章[5]。在此基础上，苏达卡尔·M. 潘迪特（Sudhakar M. Pandit）等于 1986 年基于 DDS 提出直接从原始数据提取数学模型[6]。

对于陀螺的随机误差，一般有以下几种分析方法：用神经网络法对随机误差进行分析；用时间序列分析的方法对陀螺的随机误差进行了建模，并采用一定的补偿方法；用自适应模糊辨识方法来辨识陀螺的随机误差模型；用时间序列分析方法估计了敏感器 ARMA 模型；用卡尔曼滤波方法估计了陀螺的随机漂移。

美国 IEEE 公司对陀螺随机误差的测试进行了规范，对陀螺随机误差的阿伦方差（Allan 方差）分析法的意义及数据处理方法进行了阐述。

6.2.1　陀螺的主要随机误差源分析

陀螺漂移是衡量其性能好坏的重要指标。通常半球谐振陀螺零漂数据中主要包括角度随机游走（Angle Random Walk，ARW）、零偏不稳定性（Bias Instability，BI）、速率随机游走（Rate Random Walk，RRW）、速率斜坡（Rate Ramp，RR）和量化噪声（Quantization Noise，QN）等 5 个主要噪声项。根据 Allan 方差分析法可以得出上述 5 个主要噪声项的系数大小，从而可以针对性地对半球谐振陀螺惯性敏感器进行改进。

假设陀螺各个噪声源统计独立，则计算的 Allan 方差是各类型噪声方差的平方和

$$\sigma_{\mathrm{total}}^2(\tau)=\sigma_{\mathrm{ARW}}^2(\tau)+\sigma_{\mathrm{BI}}^2(\tau)+\sigma_{\mathrm{RRW}}^2(\tau)+\sigma_{\mathrm{RR}}^2(\tau)+\sigma_{\mathrm{QN}}^2(\tau)+\cdots \tag{6-1}$$

为了表达方便，上述 5 项噪声源的误差系数分别用 N、B、K、R、Q 来表示，则公式改写为

$$\sigma_{\mathrm{total}}^2(\tau)=\sigma_{\mathrm{N}}^2(\tau)+\sigma_{\mathrm{B}}^2(\tau)+\sigma_{\mathrm{K}}^2(\tau)+\sigma_{\mathrm{R}}^2(\tau)+\sigma_{\mathrm{Q}}^2(\tau)+\cdots \tag{6-2}$$

6.2.1.1　角度随机游走

角度随机游走又称角度白噪声，由半球谐振陀螺结构设计及激励源不稳定或外界干扰等引起。其他相关时间远小于采样时间的高频噪声项也会产生角度随机游走。角度随机游走的功率谱密度为

$$S_\Omega(f)=N^2 \tag{6-3}$$

经推导，其 Allan 方差为

$$\sigma_{\mathrm{N}}^2(\tau)=\frac{N^2}{\tau} \tag{6-4}$$

Allan 标准差为

$$\sigma_{\mathrm{N}}(\tau)=\frac{N}{\sqrt{\tau}} \tag{6-5}$$

$$\lg\sigma_{\mathrm{N}}(\tau)=\lg N-\frac{1}{2}\lg\tau \tag{6-6}$$

式中　N ——角度随机游走系数，单位为（°）/h（Hz）$^{-1/2}$。

公式（6-6）表明，在 $\sigma-\tau$ 双对数坐标曲线中，角度随机游走对应的斜率为 -0.5。

6.2.1.2　零偏不稳定性

零偏不稳定性主要是指低频的零偏抖动。零偏不稳定性的功率谱密度为

$$S_\Omega(f)=\begin{cases}\dfrac{B^2}{2\pi}\dfrac{1}{f},& f\leqslant f_0\\[2mm]0,& f>f_0\end{cases} \tag{6-7}$$

经推导，其 Allan 方差为

$$\sigma_{\mathrm{B}}^2(\tau)=2\ln2\frac{B^2}{\pi} \tag{6-8}$$

Allan 标准差为

$$\sigma_{\mathrm{B}}(\tau)=\sqrt{\frac{2\ln2}{\pi}}B \tag{6-9}$$

$$\lg\sigma_{\mathrm{B}}(\tau)=\frac{1}{2}\lg\frac{2\ln2}{\pi}+\lg B \tag{6-10}$$

式中　B ——零偏不稳定性系数，单位为（°）/h。

公式（6-10）表明，在 $\sigma - \tau$ 双对数坐标曲线中，零偏不稳定性对应的斜率为 0 。

6.2.1.3　速率随机游走

角速率随机游走是对宽带角加速度信号的功率谱密度积分的结果，这是一个起源不明的随机过程。速率随机游走的功率谱密度为

$$S_\Omega(f) = \left(\frac{K}{2\pi}\right)^2 \frac{1}{f^2} \tag{6-11}$$

经推导，其 Allan 方差为

$$\sigma_K^2(\tau) = \frac{K^2\tau}{3} \tag{6-12}$$

Allan 标准差为

$$\sigma_K(\tau) = \frac{K\sqrt{\tau}}{\sqrt{3}} \tag{6-13}$$

$$\lg\sigma_K(\tau) = \lg K + \frac{1}{2}\lg\tau - \frac{1}{2}\lg 3 \tag{6-14}$$

式中　K ——速率随机游走系数，单位为（°）/h $\cdot \sqrt{\mathrm{Hz}}$。

公式（6-14）表明，在 $\sigma - \tau$ 双对数坐标曲线中，速率随机游走对应的斜率为 +0.5。

6.2.1.4　速率斜坡

速率斜坡本质上是确定性误差，不是随机过程，它在半球谐振陀螺中体现为在较长周期中单调却极其缓慢的持续变化，产生的原因是由于半球谐振陀螺的半球谐振子在长时间内有非常缓慢而单调的变化，使平台保持非常小的加速度，进而表现为半球谐振陀螺的真实输出存在一个斜坡变化

$$\omega = Rt \tag{6-15}$$

速率斜坡的功率谱密度为

$$S_\Omega(f) = \frac{R^2}{(2\pi f)^3} \tag{6-16}$$

经推导，其 Allan 方差为

$$\sigma_R^2(\tau) = \frac{R^2\tau^2}{2} \tag{6-17}$$

Allan 标准差为

$$\sigma_R(\tau) = \frac{R\tau}{\sqrt{2}} \tag{6-18}$$

$$\lg\sigma_R(\tau) = \lg R + \lg\tau - \frac{1}{2}\lg 2 \tag{6-19}$$

式中　R ——速率斜坡系数，单位为（°）/h（Hz）。

式（6-19）表明，在 $\sigma - \tau$ 双对数坐标曲线中，速率斜坡对应的斜率为 +1。

6.2.1.5　量化噪声

量化噪声代表了陀螺的最小分辨率，它是由于陀螺输出的离散化/量化性质造成。采样计数电路按照一定的采样频率读出陀螺在输出采样周期中的脉冲个数，每个脉冲代表一定大小的角度。在量化过程中，每个采样周期内都会存在微小的非整数倍单位脉冲对应的角度。在半球谐振陀螺惯性敏感器中，为了避免采用模拟乘法器混频检波导致环节多和温度敏感等缺点，采用了高速采样数字检波的方法，这种方法也引入了量化噪声。量化噪声的功率谱密度为

$$S_\Omega(2\pi f) = \frac{4Q^2}{t}\sin^2(\pi f\tau) \tag{6-20}$$

经推导，其 Allan 方差为

$$\sigma_Q^2(\tau) = \frac{3Q^2}{\tau^2} \tag{6-21}$$

Allan 标准差为

$$\sigma_Q(\tau) = \frac{\sqrt{3}\,Q}{\tau} \tag{6-22}$$

$$\lg\sigma_Q(\tau) = \frac{1}{2}\lg 3 + \lg Q - \lg\tau \tag{6-23}$$

式中　Q——量化噪声系数，单位为（°）/h（Hz）$^{-1}$。

Q 的理论极限是 $K/\sqrt{12}$，其中 K 为陀螺的标度因数。式（6-23）表明，在 $\sigma-\tau$ 双对数坐标曲线中，量化噪声对应的斜率为 -1。

6.2.2　Allan 方差随机噪声分析方法

半球谐振陀螺的随机误差主要是由不确定因素引起的随机漂移，必须通过建立随机漂移数学模型来补偿，建立半球谐振陀螺随机误差数学模型的常见方法有分析法和试验法。分析法主要是分析引起误差的物理机制，通过数学推导获得其误差数学模型。试验法是以试验中取得的大量数据为依据，纯粹用数学方法处理所得数据来构造数学模型。比较经典的分析法为 Allan 方差分析法，利用 Allan 方差分析法对半球谐振陀螺的随机误差噪声进行分析，能够得出各个噪声的系数。

假设有 N 个连续的采样数据，数据的采样间隔时间为 t_0，将其中连续的 $m(m < N/2$，一般取 $m = 2^l$，$l = 1$，2，…) 个数据组成一个簇。于是簇的总采样时间为 $\tau_m = mt_0$。假设 $\Omega(t)$ 为采样数据，则整个时间簇 τ_m 内的平均值为

$$\overline{\Omega}_k(\tau_m) = \frac{1}{\tau_m}\int_{t_k}^{t_k+\tau_m}\Omega(t)\mathrm{d}t \tag{6-24}$$

式中　$\overline{\Omega}_k(\tau_m)$——第 k 个时间簇内采样数据的平均值。

由此可以得到后一个簇的平均值

$$\overline{\Omega}_{\text{next}}(\tau_m) = \frac{1}{\tau_m}\int_{t_{k+1}}^{t_{k+1}+\tau_m}\Omega(t)\mathrm{d}t \tag{6-25}$$

其中，$t_{k+1} = t_k + \tau_m$。

Allan 方差定义为

$$\sigma_{\text{total}}^2(\tau_m) = \frac{1}{2}\{[\overline{\Omega}_{\text{next}}(\tau_m) - \overline{\Omega}_k(\tau_m)]^2\} \tag{6-26}$$

式中　$\sigma_{\text{total}}^2(\tau_m)$——Allan 方差；

$\tau_m = m\tau_0$——相关时间；

τ_0——采样时间。

由定义可知，Allan 方差是陀螺稳定性的一个度量，与影响陀螺性能的固有随机过程的统计特性有关。同时，Allan 方差与敏感器随机漂移的功率谱密度 $S_\omega(f)$ 的关系为

$$\sigma_{\text{total}}^2(\tau_m) = 4\int_0^\infty S_\omega(f)\frac{\sin^4(\pi f\tau_m)}{(\pi f\tau_m)^2}\mathrm{d}f \tag{6-27}$$

Allan 方差分析法能准确分离出角度随机游走、零偏不稳定性、速率随机游走、速率斜坡和量化噪声等随机噪声项，能定量分析比较半球谐振陀螺的性能。各噪声的功率谱密度与 Allan 方差中噪声的对应关系见表 6-2。

表 6-2　功率谱密度与 Allan 方差噪声对应关系

	功率谱密度	Allan 方差
量化噪声/urad	$\dfrac{4Q^2}{\tau}\sin^2(\pi ft)$	$\dfrac{3Q^2}{\tau^2}$
角度随机游走/[(°)/$\sqrt{\text{h}}$]	N^2	$\dfrac{N^2}{\tau}$
零偏不稳定性/[(°)/h]	$\left(\dfrac{B^2}{2\pi}\right)\dfrac{1}{f}$	$\dfrac{2B^2}{\pi}\ln2$
速率随机游走/[(°)/h$^{3/2}$]	$\left(\dfrac{K}{2\pi}\right)^2\dfrac{1}{f^2}$	$\dfrac{K^2\tau}{3}$
速率斜坡/[(°)/h^2]	$\dfrac{R^2}{(2\pi f)^3}$	$\dfrac{R^2\tau^2}{2}$

由图 6-1 可知，角度随机游走、零偏不稳定性、速率随机游走、速率斜坡和量化噪声在 $\sigma-\tau$ 双对数坐标曲线的斜率是不同的，其分别为 $-1/2$、0、$1/2$、$+1$ 和 -1。通过辨识拟合曲线的斜率，即可得出该频率段中随机噪声的主要部分。

各误差系数与 A_i 之间的关系可由各自的误差公式对应推出

$$N = \frac{\sqrt{A_{-1}}}{60}$$

$$B = \frac{\sqrt{A_0}}{0.664}$$

$$K = 60\sqrt{3A_1} \tag{6-28}$$

$$R = 3\,660\sqrt{2A_2}$$

$$Q = \frac{10^6\pi\sqrt{A_{-2}}}{180\times3\,600\times\sqrt{3}}$$

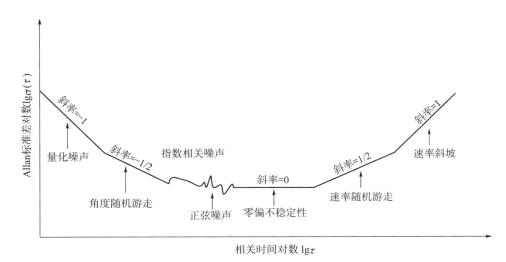

图 6-1　随机误差在 Allan 标准差中的分布

6.2.3　标准差与 Allan 方差比较

标准差的估计有自身的约束条件，其要求所分析的时间序列必须是平稳且具有各态历经性，同时信号要具有弱相关性。对于白噪声而言，标准差是估计其信号强度的无偏一致性，对于其他非平稳噪声则是有偏差的。因此，用标准差去评价仪表稳定性具有一定的局限性。

由式（6-26）可以看出，Allan 方差实质上是对时间序列进行一阶差分后再求解均方的，该方法的优点是能够将非平稳噪声先平稳化，再用均方去估计噪声的大小。从时域表达式可以看出，相对标准差，Allan 方差能较好地处理非平稳噪声。事实上半球谐振陀螺输出数据的噪声并不是简单的白噪声，而是含有不同特性的非平稳噪声，因此用 Allan 方差评价半球谐振陀螺的零偏不稳定性会相对全面和细致，准确度会更高。

6.3　半球谐振陀螺惯性敏感器性能测试

性能测试是指通过测试设备按照一定的测试方法对产品各项性能指标进行测试。半球谐振陀螺惯性敏感器的性能需要通过一套完整的测试方法，利用测试设备和测试软件得出一系列数据，再分析和处理数据，最终对半球谐振陀螺惯性敏感器的性能做出准确的评价。

6.3.1　零偏及其重复性测试

零偏是由陀螺固有加工和控制误差（Q 值不均匀、装配间隙不均匀以及控制增益不均匀等）引起的等效常值输入角速度。零偏重复性是指在同样条件下及规定间隔的时间内，在多次通电过程中，半球谐振陀螺零偏相对其均值的离散程度，以多次测试所得零偏的标准偏差表示。一般方法如下。

将敏感器安装在工装上，使需要测量的陀螺仪朝天，与水平面垂直；敏感器通电后，以一定的采样速率（100 ms）测量该陀螺仪的输出数据。计算陀螺仪输出数据的均值，扣除测试地的地球天向输入角速率，得到该次测试陀螺仪的零偏。

对多次（3 次以上）测试的常值取平均值，即得到敏感器的零偏指标；

对多次（3 次以上）测试的常值取标准差，即得到零偏的重复性。

零偏的计算方法为

$$\omega_0 = 10 \times F_i \times I - 7.76 \tag{6-29}$$

式中　I——脉冲当量，单位为（$''/ ^\wedge$）；

　　　ω_0——陀螺零偏，单位为（°）/h；

　　　F_i——陀螺的实际输出值。

6.3.2　零偏的稳定性测试（随机漂移）

零偏的稳定性是指：当半球谐振陀螺输入角速度为零时，衡量陀螺输出量围绕其均值的离散程度，该零偏以规定时间内输出量的标准偏差相应的等效输入角速度表示。

一般测试方法为，取敏感器上电稳定后一段时间内的数据，将其按一点时间平滑后的数据组成一组新数据，计算新数据序列的标准偏差，得到各时间平滑长度下的随机漂移（1σ），计算公式为

$$B_s = \frac{1}{K} \left[\frac{1}{(n-1)} \sum_{i=1}^{n} (F_i - \overline{F})^2 \right]^{\frac{1}{2}} \tag{6-30}$$

式中　B_s——零偏稳定性，单位为（°）/h；

　　　$\overline{F}$——陀螺输出量的平均值，单位为脉冲数；

　　　F_i——陀螺的实际输出值，单位为脉冲数；

　　　K——标度因数，单位为（$^\wedge/°$）。

6.3.3　角随机游走系数测试

角随机游走表征的是半球谐振陀螺的角速度输出白噪声的大小，它反映的是陀螺输出的角速度积分（角度）随时间积累的不确定性（角度随机误差）。

一般测试方法是将半球谐振陀螺惯性敏感器固定在大理石平台或水平转台上，预热一段时间后，以一定的采样速率连续采样，得到一组初始样本数据。

利用 Allan 方差拟合得到角随机游走系数（1σ），计算步骤如下。

在初始样本序列的基础上，依次成倍加长采样间隔时间，如式（6-31）所示

$$\tau = k \cdot t_0,\ (k = 1, 2, 4, 8, 16, 32, \cdots) \tag{6-31}$$

每相邻两个样本的均值再组成新的样本序列，并求出陀螺零偏稳定性。由不同的采样间隔时间获得的陀螺零偏稳定性，组成新的样本序列 $B_s(\tau)$。

设有 n 个在初始采样间隔为 t_0 时获得的陀螺输出值的初始样本数据，计算出每一个输

出值对应的输出角速度，得到输出角速度的初始样本数据

$$\Omega_j(t_0) = \frac{1}{K} \cdot F_j(t_0), (j = 1, 2, \cdots, n) \tag{6-32}$$

对于 n 个初始样本的连续数据，把 k 个连续数据作为一个数组，数组的时间长度为 $\tau = k \cdot t_0$，分别取 $\tau = t_0, 2 \cdot t_0, \cdots, k \cdot t_0 \left(k < \frac{n}{2} \right)$，求出每一个时间长度为 τ 的数组的数据平均值（数组平均），共有 $(n-k+1)$ 个这样的数组平均，见式（6-33）

$$\overline{\Omega}_p(\tau) = \frac{1}{k} \sum_{i=p}^{p+k} \Omega_i(t_0), (p = 1, 2, \cdots, n-p) \tag{6-33}$$

求相邻两个数组平均的差

$$\xi_{p+1,p} = \overline{\Omega}_{p+1}(\tau) - \overline{\Omega}_p(\tau) \tag{6-34}$$

给定 τ 值，将上式定义为一个元素为数组平均差的随机变量集合 $\{\xi_p, p = 1, 2, \cdots, n-k+1\}$，共有 $(n-k)$ 个这样的数组平均差。

求随机变量集合 $\{\xi_p, p = 1, 2, \cdots, n-k+1\}$ 的方差

$$\sigma^2(\tau) = \frac{1}{2(n-k-1)} \sum_{p=1}^{n-k-1} (\xi_{p+2,p+1} - \xi_{p+1,p})^2 \tag{6-35}$$

即

$$\sigma^2(\tau) = \frac{1}{2(n-k-1)} \sum_{p=1}^{n-k-1} \left[\overline{\Omega}_{p+2}(\tau) - 2\overline{\Omega}_{p+1}(\tau) + \overline{\Omega}_p(\tau) \right]^2 \tag{6-36}$$

分别取不同的 τ，重复上述过程，在双对数坐标系中得到一个 $\sigma(\tau) \sim \tau$ 曲线，称为 Allan 方差曲线。采用下面的 Allan 方差模型

$$\sigma^2(\tau) = \sum_{m=-2}^{2} A_m \tau^m \tag{6-37}$$

通过最小二乘法拟合，获得各项系数，进而求得角随机游走系数（RWC）

$$RWC = \sqrt{A_{-1}} \tag{6-38}$$

式中　A_m——即 A_{-2}，A_{-1}，A_0，A_{-1}，A_{-2}，分别为陀螺输出数据中与量化噪声、角随机游走系数、零偏不稳定性、速率随机游走、速率斜坡各项噪声相关的拟合多项式的系数。

6.3.4　标度因数测试

标度因数是指半球谐振陀螺输出变化与要测量的输入变化的比值。

一般测试方法为，将敏感器固定在速率转台上，测试轴与速率转台的正向一致。在输入角速率范围内，按 GB321 规定的 R5 系列适当圆整，均匀删除后选取输入角速率，在正转、反转方向输入角速率范围，分别不能小于 11 个角速率档，包括最大输入角速率。当速率平稳时进行测试，记录陀螺的输出数据。

设 $\overline{F}_j$ 为第 j 个输入角速率时陀螺输出的平均值，脉冲当量计算方法为

$$\overline{F}_j = \frac{1}{N} \sum_{p=1}^{N} F_{jp} \tag{6-39}$$

$$F_j = \overline{F}_j - \overline{F}_r \qquad (6-40)$$

式中　$\overline{F}_j$ ——陀螺输出量的平均值；

　　　F_{jp} ——陀螺在第 j 个输入角速率时的第 p 个输出值；

　　　F_j ——在第 j 个输入角速率时陀螺的输出值；

　　　$\overline{F}_r$ ——转台静止时，陀螺输出的平均值。

建立陀螺输入输出关系的线性模型

$$F_j = K \cdot \Omega_{ij} + F_0 + v_j \qquad (6-41)$$

式中　K ——标度因数，单位为（⌒/°）；

　　　F_0 ——拟合零位；

　　　Ω ——速率转台转速，单位为（°）/s；

　　　v_j ——拟合误差。

用最小二乘法分别求取大小角速率下的 K，F_0；大角速率点为当转台转速大于等于 0.1（°）/s 时；小角速率点位为当转台转速小于 1（°）/s 时

$$K = \frac{\sum\limits_{j=1}^{M} \Omega_{ij} \cdot F_j - \dfrac{1}{M} \sum\limits_{j=1}^{M} \Omega_{ij} \cdot \sum\limits_{j=1}^{M} F_j}{\sum\limits_{j=1}^{M} \Omega_{ij}^2 - \dfrac{1}{M} \left(\sum\limits_{j=1}^{M} \Omega_{ij} \right)^2} \qquad (6-42)$$

$$F_0 = \frac{1}{M} \sum\limits_{j=1}^{M} F_j - \frac{K}{M} \sum\limits_{j=1}^{M} \Omega_{ij} \qquad (6-43)$$

式中　M ——输入角速度的个数；

　　　Ω_{ij} ——第 j 个输入角速度，单位为（°）/s。

其脉冲当量为

$$I = \frac{360}{K} \qquad (6-44)$$

式中　I ——脉冲当量，单位为（″/⌒）；

　　　K ——标度因数，单位（⌒/°）。

重复上面的测试 3～5 次，按上述方法计算出每一次陀螺的脉冲当量，求其平均值，即为陀螺的脉冲当量，求取各次测试所得陀螺脉冲当量的均方差，并将得到的均方差除以陀螺的脉冲当量，即为每只陀螺标度因数的稳定度。

当 |角速度|≤0.1（°）/s 时，陀螺绝对误差为

$$| F_j - \overline{K}\Omega_j - F_0 | / \overline{K} \qquad (6-45)$$

当 0.1（°）/s ＜ |角速度| 时，敏感器相对误差为

$$| F_j - \overline{K}\Omega_j - F_0 | / \overline{K} / \Omega_j \qquad (6-46)$$

式中　Ω_j ——陀螺角速度。

6.3.5　最大测速范围测试

按 6.3.4 节内容，测试陀螺标度因数，在最大输入角速率处，敏感器输入/输出特性

应满足标度因数非线性度的性能要求。

通过测量陀螺仪输出达到饱和时的输入角速率来测试敏感器的最大测速范围。

6.3.6　敏感器安装角度及偏差测试

各陀螺敏感轴与惯性敏感器三个坐标轴存在夹角，该夹角与设计安装角度的偏差，即为陀螺敏感轴的安装偏差。

一般测试方法为：

1）利用工装分别向惯性敏感器的 X、Y 和 Z 轴输入 ± 1（°）/s 的角速率，采样时间为 360 s，消除地速的影响。

2）利用陀螺通道的角速率敏感信息及方向矢量的特性可得到如下四个等式，求解即得陀螺的安装角度信息

$$\begin{cases} \omega_{1x} = k_1 \cdot \alpha_{1x} \cdot \omega_X \\ \omega_{1y} = k_1 \cdot \alpha_{1y} \cdot \omega_Y \\ \omega_{1z} = k_1 \cdot \alpha_{1z} \cdot \omega_Z \end{cases} \tag{6-47}$$

$$1 = \alpha_{1x}^2 + \alpha_{1y}^2 + \alpha_{1z}^2 \tag{6-48}$$

式中　ω_{1x} ——半球谐振陀螺惯性敏感器 X 向输入 ω_X 时陀螺 1 的输出值；

　　　ω_{1y} ——半球谐振陀螺惯性敏感器 Y 向输入 ω_Y 时陀螺 1 的输出值；

　　　ω_{1z} ——半球谐振陀螺惯性敏感器 Z 向输入 ω_Z 时陀螺 1 的输出值；

　　　ω_X ——半球谐振陀螺惯性敏感器 X 向的输入角速度大小；

　　　ω_Y ——半球谐振陀螺惯性敏感器 Y 向的输入角速度大小；

　　　ω_Z ——半球谐振陀螺惯性敏感器 Z 向的输入角速度大小；

　　　α_{1x} ——陀螺 1 与半球谐振陀螺惯性敏感器 X 轴向的夹角余弦值；

　　　α_{1y} ——陀螺 1 与半球谐振陀螺惯性敏感器 Y 轴向的夹角的余弦值；

　　　α_{1z} ——陀螺 1 与半球谐振陀螺惯性敏感器 Z 轴向的夹角的余弦值；

　　　K ——陀螺 1 的脉冲当量。

求解上述四个方程，即可得到陀螺 1 相对半球谐振陀螺惯性敏感器三个轴向的夹角，同理可得到其他两个陀螺的安装夹角，将每个陀螺所测得的安装夹角与设计角度相减，每个陀螺所得差值的绝对值的最大值即为陀螺的安装偏差。

6.3.7　带宽测试

用转台的突停模拟出阶跃电压作为输入，用存储示波器记录模拟量输出波形。读取峰值时间 t_P，即可计算陀螺的动态响应通频带（单位为 Hz）

$$f_{bw} = 0.75/t_P \tag{6-49}$$

式中　t_P ——响应波形峰值时间，单位为 s。

参 考 文 献

［1］ ROBERT L HAMMON. An application of random process theory to gyro drift analysis ［J］. IRE
Transactions on Aeronauticl and Narigational Electronics，1960，V7：84－91.

［2］ ALLAN DUSHMAN. One gyro drift models and their evaluation ［J］. IRE Transactions on
Aerospace and naviqutional electronics，1964：66－71.

［3］ VAN DIERENDONEK A J BROWN R G. Modeling nonstationary random processes with an
application to gyro dnift rate ［J］. IEEE Transactions on Aerospace and Electronic Systems，1969，
(5)：423－428.

［4］ ALBERT S ORAVETZ. Stationary and nostationary characteristics of gyro drift rate ［A］. AIAA
Guidance control，and flight mechanics conference，princeton，N.J.，1969：18－20.

［5］ P B REDDY. One stationary and nonstationary models of long term random errors of gyroscopes and
accelerometers in an inertial narigation system ［A］. Proceeding of the 1977 IEEE Conference on
Decision and control，New Orleans，LA. OSA，1979：79－85.

［6］ SUDHAKAR M PANDIT，WEIBANG ZHANG. Modeling random gyro drift rate data dependent
systems ［J］. IEEE Transactions on Aerospace and Electronic Systems. 1986. V22 (4)：455－459.

第 7 章　半球谐振陀螺惯性敏感器空间应用实例

半球谐振陀螺惯性敏感器是以半球谐振陀螺为核心敏感元件构建的角速度惯性敏感装置，具有高精度、高可靠性和长寿命等优点，可为卫星各个工作模式和飞行阶段提供连续的高精度三轴惯性角速度信息。同时也可与星敏感器构成卫星姿态测量系统，共同辅助卫星完成飞行任务。上海航天控制技术研究所自 2011 年开始研制一体化半球谐振陀螺惯性敏感器，2012 年完成了工程样机的开发，2014 年完成了鉴定产品的全部试验，2015 年为通信技术试验卫星二号和高分五号分别交付了正样飞行件产品。2017 年 1 月，一体化设计的半球谐振陀螺惯性敏感器随通信技术试验卫星二号实现了首飞；2018 年 5 月，随高分五号入轨飞行，并实现闭环。

7.1　姿态敏感器及其测量模型

半球谐振陀螺惯性敏感器和星敏感器组合是目前卫星姿态敏感器主流配置方式，姿态敏感器的测量精度直接影响卫星姿态的确定精度。在方案设计阶段，通过数学仿真验证所设计的算法时，需要清楚各种敏感器的量测原理与性能参数的物理意义，从而构造出可信的敏感器数学仿真模型。

7.1.1　半球谐振陀螺惯性敏感器测量模型

半球谐振陀螺惯性敏感器的核心组件是半球谐振陀螺。半球谐振陀螺是一种新型惯导级固体陀螺，直接测量惯性系下卫星角速度在量测坐标系（量测坐标系的基矢量与惯性敏感器中陀螺的输入轴方向一致）下的投影提供角速度信息。从数学上可以用如下方程描述

$$\vec{\omega}_s = u - (b + n_g) \qquad (7-1)$$

式中　$\vec{\omega}_s$ ——量测系下卫星真实角速度；

　　　u ——陀螺量测值；

　　　b ——陀螺漂移量；

　　　n_g ——量测噪声。

在数学仿真中为了计算方便，常用卫星本体坐标系作为计算坐标系，因此需要将各个量转换到卫星本体坐标下描述，即

$$\vec{\omega}_b = u_b - C_{bs}^g(b + n_g) \qquad (7-2)$$

式中　C_{bs}^g ——惯性敏感器量测坐标系到卫星本体坐标系的转换矩阵。

陀螺输出角速度和真实角速度的常值偏差就是常值漂移，用 b_0 表示，即陀螺量测输出中漂移量的常值部分，用 n_g 表示。有如下关系

$$b = b_0 + \int_0^t \dot{b}(t)\mathrm{d}t \qquad (7-3)$$

其中，陀螺常值漂移是时变的，但是短时间变换非常小，近似认为是常值。陀螺的量测噪声 n_g 可以认为是高斯白噪声

$$E[n_g(t)] = 0 \qquad (7-4)$$

$$E[n_g(t)n_g^\mathrm{T}(t')] = Q_g(t)\delta(t - t') \qquad (7-5)$$

而陀螺的漂移量 b 的变化可以采用如下模型

$$\dot{b} = n_s \qquad (7-6)$$

其中，n_s 同样可以认为是高斯过程，并满足

$$E[n_s(t)] = 0 \qquad (7-7)$$

$$E[n_s(t)n_s^\mathrm{T}(t')] = Q_s(t)\delta(t - t') \qquad (7-8)$$

$$E[n_g(t)n_s^\mathrm{T}(t')] = 0 \qquad (7-9)$$

即认为陀螺漂移是由高斯白噪声驱动的一阶随机游走过程。对于不同陀螺构型的惯性敏感器，最终得到的都是卫星三个坐标轴上的角速度，因此式 (7-2) 具有通用性，并且在姿态确定方面，考虑陀螺的漂移和量测噪声已经可以达到足够精度，对于陀螺其他误差可以不作考虑。

在高精度卫星的姿态确定系统中，因为随机游走过程是非平稳过程，也就是陀螺漂移的统计特性是与时间有关的，所以必须对陀螺漂移进行实时估计，但对于姿态确定精度要求不高的卫星则没有必要。

此外，哈蒙（Hammon）提出了另一种陀螺漂移的模型

$$\dot{b} = -b/\tau + n_s \qquad (7-10)$$

其中，n_s 同样满足式 (7-7)、式 (7-8)，τ 为与时间相关的系数。这样陀螺常值漂移则被认为是指数相关噪声或称为一阶马尔柯夫过程。

7.1.2　星敏感器测量模型

星敏感器是姿态敏感器中最精确的测量仪器，测量精度能达到角秒级，因而星敏感器广泛应用于卫星的高精度姿态确定。星敏感器的突出优点是精度高、能跟踪多颗恒星且对磁场不敏感。但是，星敏感器结构复杂、质量大、价格昂贵，另外数据量大，需用专用计算机来处理，而且还要对恒星进行识别。

星敏感器有两种类型：星图仪和星跟踪器。星跟踪器又分为框架式、电子扫描式和电荷耦合器件（CCD）三种。由于 CCD 有许多良好的特性，对于高精度星体跟踪器的设计是非常有益的。例如，CCD 的尺寸精确，具有硅探测器具备的高量子效率和宽带光谱响应的特点；而且由于 CCD 是固态像感阵列，可靠性很高，与超大规模集成电路（MOS）相同。固定探头 CCD 成像星敏感器测量原理如图 7-1 所示。若单颗恒星在 x_p-o-y_p 面上的投影坐标为 (P_x, P_y)，则根据多颗恒星在惯性系和 x_p-o-y_p 坐标系下的位置关系即可得到 oz_p 在惯性系中的指向

针对空间某一向量，在卫星本体坐标系下描述为 $\vec{r}_b$，而在星敏感器量测坐标系下为

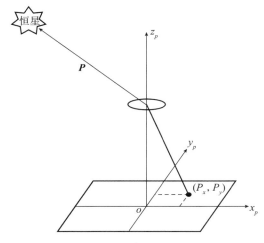

图 7 - 1　星敏感器测量原理图

$\vec{r}_s$ ，则可以采用如下量测模型

$$\vec{r}_b = \boldsymbol{T} \boldsymbol{C}_{bs}^s \cdot (\vec{r}_s + \vec{n}_s) \tag{7-11}$$

式中　$\boldsymbol{C}_{bs}^s$ ——星敏感器量测坐标系到卫星本体坐标系的转换矩阵，即安装矩阵；

　　　$\boldsymbol{T}$ ——安装误差矩阵；

　　　$\vec{n}_s$ ——量测噪声。

　　实质上，对于单头星敏感器，CCD 敏感面（x_p-o-y_p 面）与其法线方向 oz_p 的量测精度是不同的。星敏感器的输出需要将向量量测转换为四元数信息，量测噪声也需要转换。利用星敏感器安装矩阵可以将 $\vec{n}_s$ 转换到卫星体坐标系下，设为 $\vec{n}_s^b$ ，得到的星敏感器输出四元数为

$$\boldsymbol{q}_{sc} = \boldsymbol{q} \otimes \boldsymbol{n}_{sc} \tag{7-12}$$

其中

$$\boldsymbol{n}_{sc} \approx \begin{bmatrix} 1 & (\vec{n}_s^b)^{\mathrm{T}}/2 \end{bmatrix}^{\mathrm{T}} \tag{7-13}$$

　　当考虑安装误差时，则可以得到星敏感器输出四元数为

$$\boldsymbol{q}_{sc} = (\boldsymbol{q} \otimes \boldsymbol{n}_{sc}) \otimes \boldsymbol{q}_{sb} \tag{7-14}$$

式中　$\boldsymbol{q}_{sb}$ ——安装误差的等效四元数。

7.2　基于 EKF 算法的卫星姿态确定算法

　　卫星姿态确定除了需要一定精度的姿态敏感器外，还必须选择合适的定姿算法。卡尔曼滤波理论自 20 世纪 60 年代提出后，有效地解决了受噪声干扰的动态系统参数估计问题。EKF（Extended Kalman Filter）算法适用于非线性系统的最优估计，其本质就是将非线性系统线性化处理。利用 EKF 算法，结合惯性敏感器和高精度的星敏感器已经成为姿态确定的最佳方案，其中惯性敏感器是星体姿态角速度的主要敏感器；而星敏感器提供

姿态角信息，并用来修正惯性敏感器，也可以设计算法来实现姿态角速度的估计，但星敏感器自身正常工作时有初始条件要求，因此对于高精度的姿态确定，星敏感器和惯性敏感器二者缺一不可。利用星敏感器和半球谐振陀螺惯性敏感器组合定姿的原理图如图 7 - 2 所示。

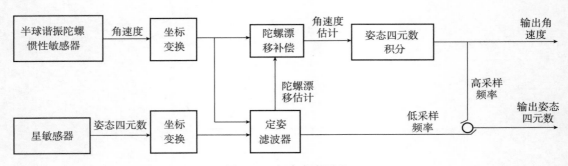

图 7 - 2　组合定姿原理

7.2.1　EKF 算法

设非线性系统的数学模型如下

$$\dot{\boldsymbol{X}}(t) = f[\boldsymbol{X}(t),t] + \boldsymbol{B}(t)u(t) + \boldsymbol{G}(t)w(t)$$
$$\boldsymbol{Z}(t) = h[\boldsymbol{X}(t),t] + v(t) \tag{7-15}$$

并且有

$$E[\boldsymbol{w}(t)] = 0, Cov[\boldsymbol{w}(t), \boldsymbol{w}^{\mathrm{T}}(\tau)] = q(t)\delta(t - \tau)$$
$$E[\boldsymbol{v}(t)] = 0, Cov[\boldsymbol{v}(t), \boldsymbol{v}^{\mathrm{T}}(\tau)] = r(t)\delta(t - \tau) \tag{7-16}$$
$$E[\boldsymbol{w}(t)\boldsymbol{v}^{\mathrm{T}}(\tau)] = 0, E[\boldsymbol{X}(0)\boldsymbol{w}^{\mathrm{T}}(\tau)] = E[\boldsymbol{X}(0)\boldsymbol{v}^{\mathrm{T}}(\tau)] = 0$$

$\boldsymbol{u}(t)$ 为已知的时间函数，$\boldsymbol{w}(t)$ 和 $\boldsymbol{v}(t)$ 不相关，$q(t)$ 为非负定阵，$r(t)$ 为正定阵，即除了限制噪声特性外，还要求噪声与初始状态 $\boldsymbol{X}(0)$ 不相关。非线性系统的标称状态方程为

$$\dot{\hat{\boldsymbol{X}}}^n(t) = f[\hat{\boldsymbol{X}}^n(t),t] + \boldsymbol{B}(t)u(t) \tag{7-17}$$

将初值代入初始状态 $\boldsymbol{X}(0)$ 时，是按标称状态线性化，而将初始值代入上一步状态的最优估计时，就是按最优状态估计线性化，即

$$\hat{\boldsymbol{X}}_{k/k-1} = \hat{\boldsymbol{X}}_k^n \tag{7-18}$$

从而当时间从 t_{k-1} 到 t_k 时，由于标称状态方程的解和真实值的偏差保证是小量，提高了泰勒级数一次近似展开式和系统线性化的精度。将式（7 - 15）在最优估计附近展开成泰勒级数，并取一阶近似得

$$\dot{\boldsymbol{X}}(t) = f[\boldsymbol{X}(t),t]\big|_{\boldsymbol{X}(t) = \hat{\boldsymbol{x}}(t)} + \frac{\partial f[\boldsymbol{X}(t),t]}{\partial \boldsymbol{X}(t)}\bigg|_{\boldsymbol{X}(t) = \hat{\boldsymbol{x}}(t)} \cdot [\boldsymbol{X}(t) - \hat{\boldsymbol{X}}(t)] + \boldsymbol{B}(t)u(t) + \boldsymbol{G}(t)w(t)$$

$$\tag{7-19}$$

$$\boldsymbol{Z}(t) = h[\boldsymbol{X}(t),t]\big|_{\boldsymbol{X}(t) = \hat{\boldsymbol{x}}(t)} + \frac{\partial h[\boldsymbol{X}(t),t]}{\partial \boldsymbol{X}(t)}\bigg|_{\boldsymbol{X}(t) = \hat{\boldsymbol{x}}(t)} \cdot [\boldsymbol{X}(t) - \hat{\boldsymbol{X}}(t)] + v(t)$$

$$\tag{7-20}$$

考虑标称状态

$$\dot{\hat{X}}^n(t) = f[\boldsymbol{X}(t),t]\big|_{\boldsymbol{X}(t)=\hat{\boldsymbol{x}}(t)} + \boldsymbol{B}(t)\boldsymbol{u}(t)$$

$$\hat{\boldsymbol{Z}}^n(t) = h[\boldsymbol{X}(t),t]\big|_{\boldsymbol{X}(t)=\hat{\boldsymbol{x}}(t)}$$

$$(7-21)$$

定义真实轨迹和标称轨迹的偏差为

$$\delta\boldsymbol{X}(t) = \boldsymbol{X}(t) - \hat{\boldsymbol{X}}^n(t)$$

$$\delta\boldsymbol{Z}(t) = \boldsymbol{Z}(t) - \hat{\boldsymbol{Z}}^n(t)$$

$$(7-22)$$

将式（7-19）～式（7-21）代入式（7-22）后整理得到连续系统线性化方程

$$\delta\dot{\boldsymbol{X}}(t) = \boldsymbol{F}(t)\delta\boldsymbol{X}(t) + \boldsymbol{G}(t)\boldsymbol{w}(t)$$

$$\delta\boldsymbol{Z}(t) = \boldsymbol{H}(t)\delta\boldsymbol{X}(t) + \boldsymbol{v}(t)$$

$$(7-23)$$

其中

$$\boldsymbol{F}(t) = \frac{\partial f[\boldsymbol{X}(t),t]}{\partial \boldsymbol{X}(t)}\bigg|_{\boldsymbol{X}(t)=\hat{\boldsymbol{x}}(t)} = \begin{bmatrix} \dfrac{\partial f_1[\boldsymbol{X}(t),t]}{\partial x_1(t)} & \dfrac{\partial f_1[\boldsymbol{X}(t),t]}{\partial x_2(t)} & \cdots & \dfrac{\partial f_1[\boldsymbol{X}(t),t]}{\partial x_n(t)} \\ \dfrac{\partial f_2[\boldsymbol{X}(t),t]}{\partial x_1(t)} & \dfrac{\partial f_2[\boldsymbol{X}(t),t]}{\partial x_2(t)} & \cdots & \dfrac{\partial f_2[\boldsymbol{X}(t),t]}{\partial x_n(t)} \\ \vdots & \vdots & & \vdots \\ \dfrac{\partial f_n[\boldsymbol{X}(t),t]}{\partial x_1(t)} & \dfrac{\partial f_n[\boldsymbol{X}(t),t]}{\partial x_2(t)} & \cdots & \dfrac{\partial f_n[\boldsymbol{X}(t),t]}{\partial x_n(t)} \end{bmatrix}_{\boldsymbol{X}(t)=\hat{\boldsymbol{x}}(t)}$$

$$(7-24)$$

$$\boldsymbol{H}(t) = \frac{\partial h[\boldsymbol{X}(t),t]}{\partial \boldsymbol{X}(t)}\bigg|_{\boldsymbol{X}(t)=\hat{\boldsymbol{x}}(t)} = \begin{bmatrix} \dfrac{\partial h_1[\boldsymbol{X}(t),t]}{\partial x_1(t)} & \dfrac{\partial h_1[\boldsymbol{X}(t),t]}{\partial x_2(t)} & \cdots & \dfrac{\partial h_1[\boldsymbol{X}(t),t]}{\partial x_n(t)} \\ \dfrac{\partial h_2[\boldsymbol{X}(t),t]}{\partial x_1(t)} & \dfrac{\partial h_2[\boldsymbol{X}(t),t]}{\partial x_2(t)} & \cdots & \dfrac{\partial h_2[\boldsymbol{X}(t),t]}{\partial x_n(t)} \\ \vdots & \vdots & & \vdots \\ \dfrac{\partial h_m[\boldsymbol{X}(t),t]}{\partial x_1(t)} & \dfrac{\partial h_m[\boldsymbol{X}(t),t]}{\partial x_2(t)} & \cdots & \dfrac{\partial h_m[\boldsymbol{X}(t),t]}{\partial x_n(t)} \end{bmatrix}_{\boldsymbol{X}(t)=\hat{\boldsymbol{x}}(t)}$$

$$(7-25)$$

对式（7-23）进行离散化处理可以得到

$$\delta\boldsymbol{X}_k = \boldsymbol{\Phi}_{k,k-1}\delta\boldsymbol{X}_{k-1} + \boldsymbol{\Gamma}_{k-1}\boldsymbol{W}_{k-1}$$

$$\delta\boldsymbol{Z}_k = \boldsymbol{H}_k\delta\boldsymbol{X}_k + \boldsymbol{V}_k$$

$$(7-26)$$

式中　　$\boldsymbol{\Phi}_{k,k-1}$ 和 $\boldsymbol{\Gamma}_{k-1}$ ——式（7-23）状态方程一阶（或二阶）的离散解。

　　有了如式（7-26）的状态方程，可利用式（7-27），用在经典离散形式下的卡尔曼滤波算法进行最优估计，有

$$\hat{\boldsymbol{X}}_{k/k-1} = \boldsymbol{\Phi}_{k,k-1}\hat{\boldsymbol{X}}_{k-1}$$

$$\hat{\boldsymbol{X}}_k = \hat{\boldsymbol{X}}_{k/k-1} + \boldsymbol{K}_k(\boldsymbol{Z}_k - \boldsymbol{H}_k\hat{\boldsymbol{X}}_{k/k-1})$$

$$\boldsymbol{K}_k = \boldsymbol{P}_k\boldsymbol{H}_k^{\mathrm{T}}\boldsymbol{R}_k^{-1} \tag{7-27}$$

$$\boldsymbol{P}_{k/k-1} = \boldsymbol{\Phi}_{k,k-1}\boldsymbol{P}_{k-1}\boldsymbol{\Phi}_{k,k-1}^{\mathrm{T}} + \boldsymbol{\Gamma}_{k-1}\boldsymbol{Q}_{k-1}\boldsymbol{\Gamma}_{k-1}^{\mathrm{T}}$$

$$\boldsymbol{P}_k = (\boldsymbol{I} - \boldsymbol{K}_k\boldsymbol{H}_k)\boldsymbol{P}_{k/k-1}$$

式中　$\boldsymbol{\Phi}_{k,k-1}$——$t_{k-1}$ 时刻至 t_k 时刻的一步转移矩阵；

　　　$\boldsymbol{K}_k$——滤波增益阵；

　　　$\boldsymbol{H}_k$——量测阵；

　　　$\boldsymbol{Q}_k$——系统噪声序列方差阵；

　　　$\boldsymbol{R}_k$——量测噪声序列方程阵；

　　　$\boldsymbol{P}_{k/k-1}$——一步预测均方差；

　　　$\boldsymbol{P}_k$——均方估计差。

7.2.2　基于 EKF 的姿态确定算法

7.2.2.1　姿态确定模型的建立

卫星的姿态确定系统的工作原理分析如下：

1）惯性敏感器作为星体的短期姿态参考，能够连续提供星体的三轴姿态角速度信息，通过积分可得相应的姿态角。但由于存在陀螺漂移、初始条件的不确定性、积分误差等，由此得到的姿态角信息中含有随时间增长的误差。

2）星敏感器作为星体的长期姿态参考以一定的采样频率提供星体三轴姿态四元数信息。以星敏感器的测量值作为基准，对惯性敏感器的测量信息进行修正。

3）根据惯性敏感器、星敏感器的测量值，构成卫星姿态估计器，采用 EKF 算法来估计姿态确定误差和陀螺的漂移误差，以及星敏感器的量测噪声，以提高卫星姿态确定系统的精度。

卫星姿态确定系统工作原理方框图如图 7-3 所示。

由于直接利用四元数构成姿态滤波器会出现误差协方差阵奇异，为了避免这种情况，通常采用降维的滤波器，可以直接降低为六维，或采用截断的协方差阵表示方法，这些 Lefferts 都给予了总结，而最常用的是体坐标系固联协方差阵表示法。

采用体坐标系固联协方差阵表示法克服协方差阵的奇异问题。四元数误差不采用真实四元数和估计值之差，而是采用对应估计姿态到真实姿态微小转动的偏差四元数。该偏差四元数表示小转动，其标量部分接近于 1，因此姿态信息可以包含在四元数矢量部分，于是采用偏差四元数的矢量部分和陀螺漂移速度组成六维向量，即作为滤波状态的无冗余表示。此时姿态偏差四元数、真实姿态四元数和姿态四元数估计值之间为四元数乘法关系。

定义姿态偏差四元数如下

$$\boldsymbol{q} = \hat{\boldsymbol{q}} \otimes \boldsymbol{q}_e \tag{7-28}$$

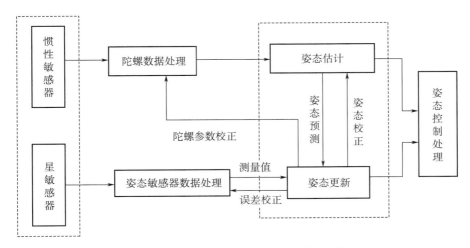

图 7 - 3　姿态确定系统工作原理方框图

式中　q——代表地心惯性系到体坐标系转动的真实姿态四元数；

　　　q_e——姿态偏差四元数；

　　　$\hat{q}$——姿态四元数估计值。

该定义认为，真实四元数 q 为卫星正常工作时的真实姿态，而量测四元数 $\hat{q}$ 等于卫星的真实姿态四元数 q 旋转一个小的偏差四元数 q_e。对式（7 - 28）左右分别求导可得

$$\dot{q} = \dot{\hat{q}} \otimes q_e + \hat{q} \otimes \dot{q}_e \qquad (7 - 29)$$

整理可得

$$\dot{q}_e = \frac{1}{2} q_e \otimes \{0 \quad \vec{\omega} - \hat{\vec{\omega}}\} - \{0 \quad \hat{\vec{\omega}} \times Q_e\} \qquad (7 - 30)$$

式中　Q_e——q_e 的向量部分；

　　　$\vec{\omega}$——卫星惯性系下的角速度在体系下的投影。

卫星正常工作时，只有小角度机动，有

$$q_e = [1 \quad Q_e]^T \qquad (7 - 31)$$

将式（7 - 31）代入式（7 - 30）整理得

$$\begin{bmatrix} 0 \\ \dot{Q}_e \end{bmatrix} = \frac{1}{2} \begin{bmatrix} 1 & -Q_e^T \\ Q_e & \tilde{Q}_e \end{bmatrix} \begin{bmatrix} 0 \\ \vec{\omega} - \hat{\vec{\omega}} \end{bmatrix} - \begin{bmatrix} 0 \\ [\hat{\vec{\omega}} \times] \cdot Q_e \end{bmatrix} \qquad (7 - 32)$$

其中

$$[\vec{\omega} \times] = \begin{bmatrix} 0 & -\omega_z & \omega_y \\ \omega_z & 0 & -\omega_x \\ -\omega_y & \omega_x & 0 \end{bmatrix}, \tilde{Q}_e = \begin{bmatrix} 1 & -q_{e3} & q_{e2} \\ q_{e3} & 1 & -q_{e1} \\ -q_{e2} & q_{e1} & 1 \end{bmatrix}$$

当采用星敏感器补偿陀螺漂移时，设陀螺漂移估计值为 $\hat{b}$，则式（7 - 2）为

$$\vec{\omega} = \hat{\vec{\omega}} - C_{bs}^g (b - \hat{b} + n_g) = \hat{\vec{\omega}} - C_{bs}^g (\Delta b + n_g) \qquad (7 - 33)$$

将式（7-33）代入式（7-32）并考虑小角度机动，忽略高阶小量后可得

$$\dot{\boldsymbol{Q}}_e = -[\vec{\boldsymbol{\omega}} \times] \boldsymbol{Q}_e - \frac{1}{2} \boldsymbol{C}_{bs}^g (\Delta \boldsymbol{b} + \boldsymbol{n}_g) \tag{7-34}$$

由式（7-6）可知

$$\Delta \dot{\boldsymbol{b}} = \boldsymbol{C}_{bs}^g \cdot \boldsymbol{n}_s \tag{7-35}$$

当利用式（7-33）和式（7-34）构成滤波器状态方程时，可以得到

$$\begin{bmatrix} \dot{\boldsymbol{Q}}_e \\ \Delta \dot{\boldsymbol{b}} \end{bmatrix} = \begin{bmatrix} -[\boldsymbol{\omega} \times] & -\dfrac{1}{2}\boldsymbol{C}_{bs}^g \\ 0_{3\times3} & 0_{3\times3} \end{bmatrix} \begin{bmatrix} \boldsymbol{Q}_e \\ \Delta \boldsymbol{b} \end{bmatrix} + \begin{bmatrix} -\dfrac{1}{2}\boldsymbol{C}_{bs}^g & 0_{3\times3} \\ 0_{3\times3} & \boldsymbol{C}_{bs}^g \end{bmatrix} \begin{bmatrix} \boldsymbol{n}_g \\ \boldsymbol{n}_s \end{bmatrix} \tag{7-36}$$

即

$$\dot{\boldsymbol{X}}(t) = \boldsymbol{F}(t)\boldsymbol{X}(t) + \boldsymbol{GW}(t) \tag{7-37}$$

滤波器的量测方程可以通过宽视场星敏感器的输出来获得。采用类似式（7-28）的定义方式，认为星敏感器的实际输出四元数转换到体系下为 $\boldsymbol{q}_{sc}$，是卫星相对于惯性系的真实姿态转动小角度 $\boldsymbol{q}_{esc}$ 后得到，量测误差（即体系下量测噪声）就由此小角度体现，具体形式为

$$\boldsymbol{q}_{sc} = \boldsymbol{q} \otimes \boldsymbol{n}_{sc} \tag{7-38}$$

定义

$$\boldsymbol{q}_{esc} \equiv \hat{\boldsymbol{q}}^{-1} \otimes \boldsymbol{q}_{sc} \tag{7-39}$$

式中 $\boldsymbol{q}_{esc}$ ——估计出的偏差四元数。

用 $\boldsymbol{N}_{sc}$ 表示 $\boldsymbol{n}_{sc}$ 的向量部分，将式（7-28）、式（7-38）代入式（7-39）可以得到

$$\boldsymbol{q}_{esc} \approx \{1 \quad \boldsymbol{Q}_e\} \otimes \{1 \quad \boldsymbol{N}_{sc}\} \approx [1 \quad (\boldsymbol{Q}_e + \boldsymbol{N}_{sc})^{\mathrm{T}}]^{\mathrm{T}} \tag{7-40}$$

星敏感器量测坐标系中的量测噪声四元数形式为 $\boldsymbol{n}_g^s$，其量测坐标系到卫星体坐标系的转换矩阵为 $\boldsymbol{C}_{bs}^s$，则体坐标系量测误差 $\boldsymbol{n}_{sc}$ 可以用量测坐标系下的 $\boldsymbol{n}_g^s$ 表示。只考虑向量部分 $\boldsymbol{N}_g^s$，由此得到滤波器的观测方程为

$$\boldsymbol{Q}_{esc} = \boldsymbol{Q}_e + \boldsymbol{C}_{bs}^s \cdot \boldsymbol{N}_g^s \tag{7-41}$$

即

$$\boldsymbol{Z}_k = \boldsymbol{H}_k \boldsymbol{X}_k + \boldsymbol{D}_k \boldsymbol{V}_k \tag{7-42}$$

其中

$$\boldsymbol{H}_k = [\boldsymbol{I}_{3\times3} \quad 0_{3\times3}]$$
$$\boldsymbol{D}_k = \boldsymbol{C}_{bs}^s \tag{7-43}$$

那么，由式（7-37）和式（7-42）就构成了滤波器的系统方程。

7.2.2.2 基于 EKF 算法的姿态估计过程

根据卡尔曼滤波理论，星敏感器和惯性敏感器并联工作时，系统的状态更新过程和滤波更新过程描述如下。

（1）状态更新

$$\boldsymbol{q}_{esc} = \hat{\boldsymbol{q}}^{-1} \otimes \boldsymbol{q}_{sc} \tag{7-44a}$$

$$\begin{bmatrix} \hat{\boldsymbol{Q}}_{e,k/k-1} \\ \Delta\hat{\boldsymbol{b}}_{k-1} \end{bmatrix} = \boldsymbol{\Phi}_{k,k-1} \begin{bmatrix} \hat{\boldsymbol{Q}}_{e,k-1} \\ \Delta\hat{\boldsymbol{b}}_{k-1} \end{bmatrix} \qquad (7-44\mathrm{b})$$

$$\begin{bmatrix} \hat{\boldsymbol{Q}}_{e,k} \\ \Delta\hat{\boldsymbol{b}}_{k} \end{bmatrix} = \begin{bmatrix} \hat{\boldsymbol{Q}}_{e,k/k-1} \\ 0 \end{bmatrix} + \boldsymbol{K}_k \, [\boldsymbol{Q}_{esc} - \hat{\boldsymbol{Q}}_{e,k/k-1}] \qquad (7-44\mathrm{c})$$

$$\hat{\boldsymbol{q}}^+ = \boldsymbol{q} \otimes \{1 \quad -\hat{\boldsymbol{Q}}_e\} \qquad (7-44\mathrm{d})$$

$$\hat{\boldsymbol{b}}_k^+ = \hat{\boldsymbol{b}}_k^- + \Delta\hat{\boldsymbol{b}}_k \qquad (7-44\mathrm{e})$$

（2）滤波更新

$$\boldsymbol{P}_{k/k-1} = \boldsymbol{\Phi}_{k,k-1}\boldsymbol{P}_{k-1}\boldsymbol{\Phi}_{k,k-1}^{\mathrm{T}} + \boldsymbol{\Gamma}_{k-1}\boldsymbol{Q}_{k-1}\boldsymbol{\Gamma}_{k-1}^{\mathrm{T}} \qquad (7-44\mathrm{f})$$

$$\boldsymbol{R}_k = \boldsymbol{C}_{bs}^s \cdot \boldsymbol{N}_{g,k}^s \, (\boldsymbol{C}_{bs}^s \cdot \boldsymbol{N}_{g,k}^s)^{\mathrm{T}} \qquad (7-44\mathrm{g})$$

$$\boldsymbol{K}_k = \boldsymbol{P}_{k/k-1}\boldsymbol{H}_k^{\mathrm{T}} \, (\boldsymbol{H}_k\boldsymbol{P}_{k/k-1}\boldsymbol{H}_k^{\mathrm{T}} + \boldsymbol{R}_k)^{-1} \qquad (7-44\mathrm{h})$$

$$\boldsymbol{P}_k = (\boldsymbol{I} - \boldsymbol{K}_k\boldsymbol{H}_k)\boldsymbol{P}_{k/k-1} \qquad (7-44\mathrm{i})$$

$$\boldsymbol{Q}_k = \boldsymbol{W}_k\boldsymbol{W}_k^{\mathrm{T}} \qquad (7-44\mathrm{j})$$

式（7-44）构成了 EKF 的整体滤波结构，该滤波器三轴并非解耦，实质上有 18 个滤波增益，并且是随时间变化的，没有稳态解。这种滤波器称为 LMS 滤波器（Lefferts/Markley/Shuster Filter）。

但在小角度机动时，卫星角速度为小量，忽略二阶小量后可以近似认为每个轴是一个二阶滤波器，仅有 6 个滤波增益，并且得到具有稳态解的简化形式为

$$\begin{bmatrix} \dot{\boldsymbol{Q}}_e \\ \Delta\dot{\boldsymbol{b}} \end{bmatrix} = \begin{bmatrix} \boldsymbol{0}_{3\times3} & -\dfrac{1}{2}\boldsymbol{C}_{bs}^g \\ \boldsymbol{0}_{3\times3} & \boldsymbol{0}_{3\times3} \end{bmatrix} \begin{bmatrix} \boldsymbol{Q}_e \\ \Delta\boldsymbol{b} \end{bmatrix} + \begin{bmatrix} -\dfrac{1}{2}\boldsymbol{C}_{bs}^g & \boldsymbol{0}_{3\times3} \\ \boldsymbol{0}_{3\times3} & \boldsymbol{C}_{bs}^g \end{bmatrix} \begin{bmatrix} \boldsymbol{n}_g \\ \boldsymbol{n}_s \end{bmatrix} \qquad (7-45)$$

式（7-45）描述的方程称为解耦 LMS 滤波器方程，其滤波器的更新方程与式（7-44）相同，在卫星姿态捕获完成后进入稳态工作时作为姿态确定算法，可以满足高精度的定姿要求。

当星体角速度较大时，可以采用式（7-38）提供的非简化形式，这种情况与角速度较小时的不同之处在于增大了滤波增益的实时计算量。

7.3　半球谐振陀螺惯性敏感器在轨应用

根据某型卫星在轨遥测数据，对半球谐振陀螺惯性敏感器在轨飞行的产品进行全面分析，包括半球谐振陀螺惯性敏感器在轨数据分析和惯性敏感器/星敏感器组合在轨数据分析。

7.3.1　半球谐振陀螺惯性敏感器在轨数据分析

7.3.1.1　指标分析方法

半球谐振陀螺惯性敏感器在轨数据分析可从以下几个方面进行。

（1）谐振频率遥测信息的比对

半球谐振陀螺正常工作时以本振频率做谐振振动，产品加工完成后该振动仅受外界温度的影响，因此，该频率遥测的输出可以比较直观地反映陀螺的工作状态；谐振频率与温度的变化呈线性关系，大约为 0.4 Hz/℃。

（2）温度情况

由于材料、加工工艺不可避免地存在非理想情况等因素，陀螺输出容易受到温度的影响，因此，为了保证其输出的高精度，惯性敏感器内部对表头进行了温度控制。其温度在轨遥测数据的稳定性是表征惯性敏感器产品是否稳定工作的重要特征。根据设计要求，陀螺惯性敏感器的温度应稳定在±0.1 ℃以内。

（3）陀螺输出数据的分析

根据陀螺输出数据，分析陀螺零位并与地面对比；用变轨机动时的四轴输出矢量合成的残差与正常时刻进行比对，从侧面反映产品的性能。由于陀螺1～3分别对应正交坐标系的 x 轴、y 轴和 z 轴，陀螺4对应斜轴，因此其输出扣除常值后应满足

$$
\begin{bmatrix} \omega_1 \\ \omega_2 \\ \omega_3 \\ \omega_4 \end{bmatrix} = \begin{bmatrix} \sqrt{3}/3 & \sqrt{6}/6 & -\sqrt{2}/2 \\ \sqrt{3}/3 & -\sqrt{6}/3 & 0 \\ \sqrt{3}/3 & \sqrt{6}/6 & \sqrt{2}/2 \\ 1 & 0 & 0 \end{bmatrix} \begin{bmatrix} \omega_{xn} \\ \omega_{yn} \\ \omega_{zn} \end{bmatrix} = \begin{bmatrix} \sqrt{3}/3 & \sqrt{6}/3 & 0 \\ \sqrt{3}/3 & -\sqrt{6}/6 & \sqrt{2}/2 \\ \sqrt{3}/3 & -\sqrt{2}/2 & -\sqrt{6}/6 \\ 1 & 0 & 0 \end{bmatrix} \begin{bmatrix} 0 & 0 & 1 \\ 1 & 0 & 0 \\ 0 & 1 & 0 \end{bmatrix} \begin{bmatrix} \omega_{xb} \\ \omega_{yb} \\ \omega_{zb} \end{bmatrix}
$$

$$(7-46)$$

式中　ω_1，ω_2，ω_3，ω_4——分别为4个陀螺敏感到的角速度；

ω_{xn}，ω_{yn}，ω_{zn}——分别为半球谐振陀螺惯性敏感器本体 n 系 $X_n Y_n Z_n$ 轴上的角速度；

ω_{xb}，ω_{yb}，ω_{zb}——分别为卫星本体 b 系 $X_b Y_b Z_b$ 轴上的角速度。

半球谐振陀螺惯性敏感器在轨遥测数据反映的产品内部关系如图7-4所示。

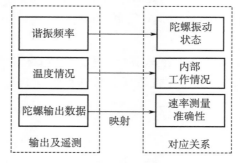

图7-4　在轨遥测输出反映的产品内部关系

7.3.1.2　谐振频率的在轨数据分析

半球谐振陀螺的谐振子谐振频率信息是陀螺是否正常工作的表征量之一。该频率受温度的影响，与温度的变化呈线性关系，大约为 0.4 Hz/℃。谐振频率遥测分析见表 7-1。

表 7-1　谐振频率遥测分析

分析项目　　　　　　输出通道	陀螺 1	陀螺 2	陀螺 3	陀螺 4
在轨 T_0 时频率（温控 35 ℃）/Hz	4 597.17	4 845.15	4 668.95	4 462.54
在轨 T_0+1 月后在轨频率（温控 35 ℃）/Hz	4 597.08	4 845.20	4 668.84	4 462.48
差异/Hz	−0.09	0.05	−0.11	−0.06
地面频率（温控 45 ℃）/Hz	4 601.3	4 849.6	4 673.1	4 466.6
在轨 35 ℃、地面 45 ℃时频率与温度关系/(Hz/℃)	0.422	0.44	0.426	0.412

由表 7-1 可知，在轨温控为 35 ℃时，谐振频率遥测值最大差异为 0.11 Hz，其值主要由遥测采样产生；与地面 45 ℃温控时的谐振频率比较，谐振频率的变化与温度变化呈线性关系，约为 0.4 Hz/℃，与预期一致。

7.3.1.3　温度遥测的在轨数据分析

根据设计要求，惯性敏感器的温度应稳定在 ±0.1 ℃以内。陀螺表头温度在轨遥测如图 7-5 所示。

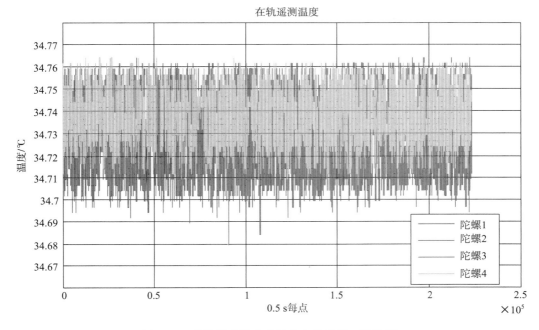

图 7-5　惯性敏感器表头温度在轨遥测（见彩插）

由图 7-5 的遥测数据可知，表头温度在轨数据的变化约为 ±0.02 ℃，稳定性在 0.01 ℃左右，满足设计指标 0.1 ℃的要求，表明半球谐振陀螺惯性敏感器工作状态稳定。

7.3.1.4 输出数据分析

根据遥测下传的某次数据，在某一时间进行变轨，其整个过程的姿态输出如图 7 - 6 所示。

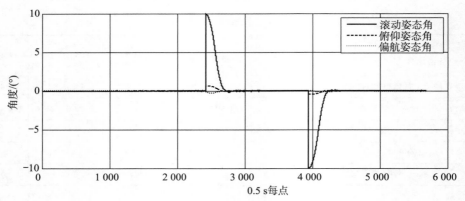

图 7 - 6　某次滚动角机动过程中姿态输出（见彩插）

任取 3 个陀螺，4 种组合计算的姿态角速度在仪表坐标系 xyz 轴下的输出，如图 7 - 7 所示。

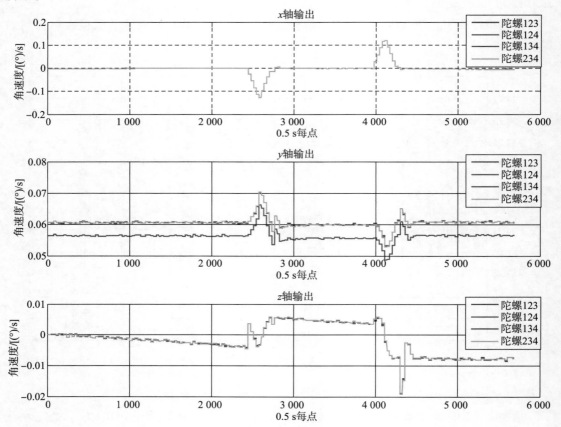

图 7 - 7　4 种组合计算的姿态角速度（见彩插）

　　每个轴从其中 4 种解算任取 2 种，并求差，残差均在 ±0.000 2（°）/s 左右，如图 7 - 8 所示。

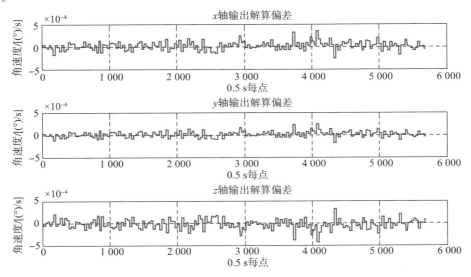

图 7 - 8　任取两种组合解算下的误差

　　对以上陀螺输出数据扣除陀螺零位后计算残差，可得到图 7 - 9。

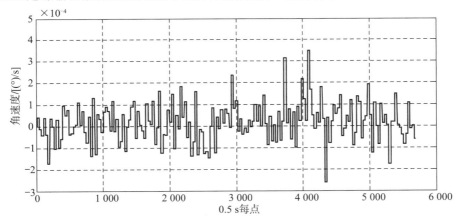

图 7 - 9　某次姿态机动过程中陀螺的输出矢量关系的残差

　　由图 7 - 9 可知，残差均在 ±0.000 2（°）/s 左右，与地面测试噪声一致，说明半球谐振陀螺惯性敏感器在轨工作正常，性能稳定。

7.3.2　半球谐振陀螺惯性敏感器/星敏感器组合在轨数据分析

　　利用某型卫星 20190804 20：54，（UTC 时间）开始采集的 1 000 个半球谐振陀螺惯性敏感器和星敏感器的遥测数据（0.5 s 采样），采用 EKF 姿态确定方法，分析结果如图 7 - 10～图 7 - 12 所示。

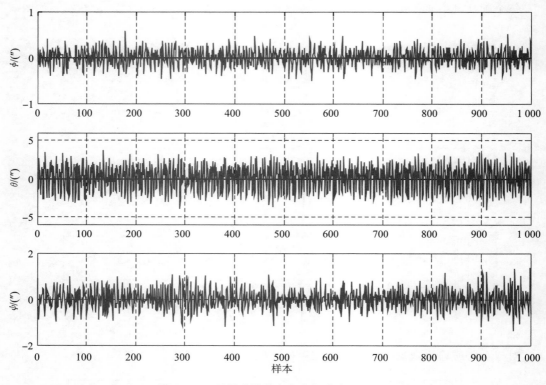

图 7 - 10 星敏感器姿态角高频噪声（NEA）

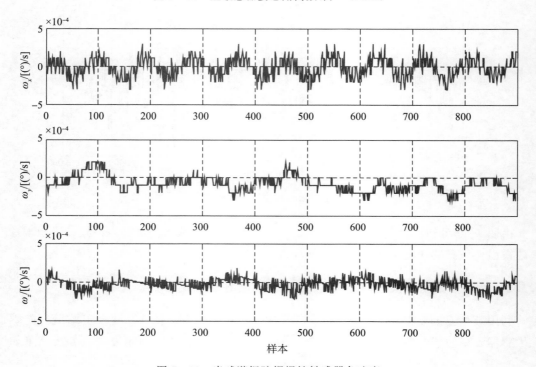

图 7 - 11 半球谐振陀螺惯性敏感器角速度

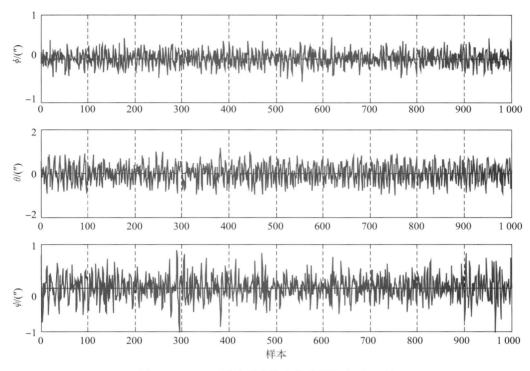

图 7 - 12　EKF 滤波后的姿态角高频噪声（NEA）

　　俯仰轴滤波前后的数据分析结果表明，半球谐振陀螺惯性敏感器与星敏感器联合滤波可显著降低星敏感器的高频噪声，提升基于 EKF 算法的姿态确定算法精度。

参 考 文 献

［1］ 姜雪原．卫星姿态确定及敏感器误差修正的滤波算法［D］．哈尔滨：哈尔滨工业大学，2006．

［2］ J R WERTZ. Spacecraft attitude determination and control［M］. D. Reidel, Dordrecht, The Netherlands, 1978.

［3］ 秦永元，张洪钺，汪叔华．卡尔曼滤波和组合导航原理［M］．西安：西北工业大学出版社，1998．

［4］ LEFFERTS E J, MARKLY F L, SHUSTER M D. Kalman filtering for spacecraft attitude estimation［J］. Journal of Guidance, Control, and Dynamics. September - October, 1982, 5（5）：417 - 429.

［5］ GLENN CREAMER. Spacecraft attitude determination using gyros and quarternion measurements［J］. The Journal of The Astronautical Sciences, 1996, 44（3）：357 - 371.

［6］ STEPHEN C FELTER. An overview of decentralized kalman filter techniques. IEEE, 1990.

［7］ CRASSIDIS J L, MARKLEY F L. Minimum Model Error Approach for Attitude Estimation［J］. Journal of Guidance, Control, and Dynamics, 1997, 20（6）：1241 - 1247.

［8］ 廖晖，周军，周凤岐．卫星正常模式姿态确定算法研究［J］．航天控制，2001（1）：17 - 22．

［9］ 陈新海．最佳估计理论［M］．北京：航空学院出版社，1998．

［10］ 林玉荣．基于星敏感器确定卫星姿态的滤波算法研究［D］．哈尔滨：哈尔滨工业大学，2001．

［11］ 廖晖．对地定向三轴稳定卫星姿态确定和控制系统研究［D］．西安：西北工业大学，2000．

［12］ ANDY WU. Normal mode attitude determination algorithm extended kalman filtering apporach［C］//Guidance, Navigation, & Control Conference. 2013.

［13］ 刘一武，陈义庆．星敏感器量测模型及其在卫星姿态确定系统中的应用［J］．宇航学报，24（3）：162 - 167．

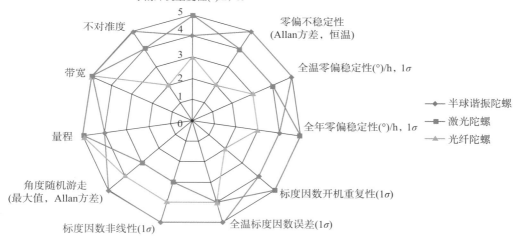

(a) 测量精度

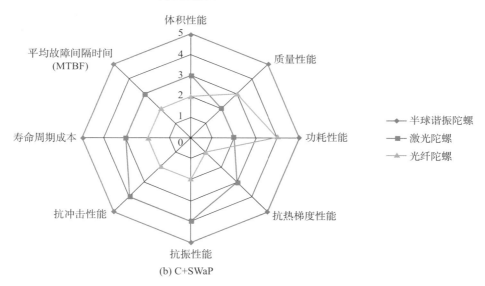

(b) C+SWaP

图 1 - 2　Sagem 公司对三类陀螺的评价对比 （P3）

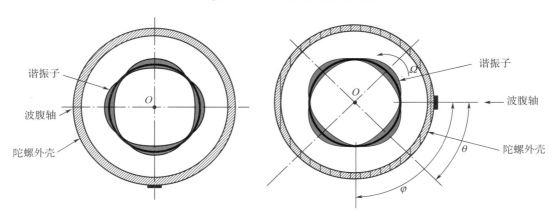

图 1 - 3　工作原理示意图 （P4）

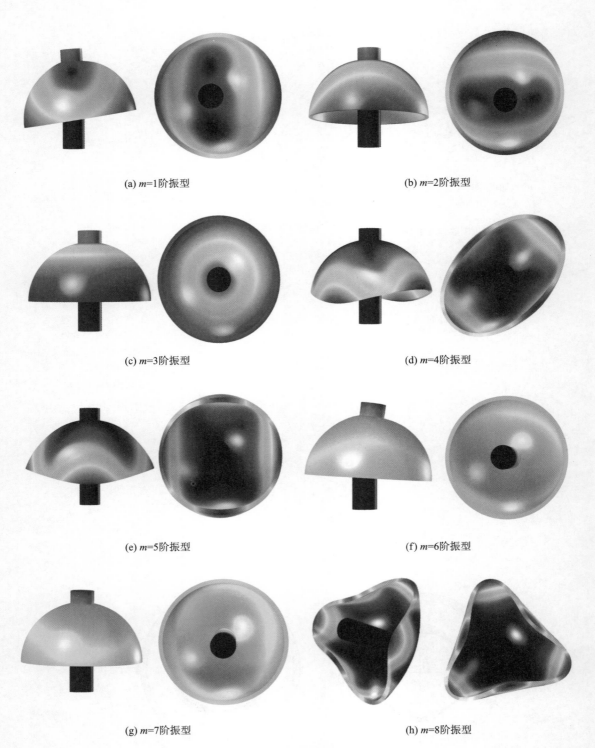

(a) $m=1$ 阶振型

(b) $m=2$ 阶振型

(c) $m=3$ 阶振型

(d) $m=4$ 阶振型

(e) $m=5$ 阶振型

(f) $m=6$ 阶振型

(g) $m=7$ 阶振型

(h) $m=8$ 阶振型

图 2-8 谐振子的振型（P32）

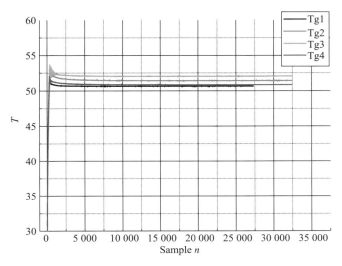

图 4 - 17　测试 60 min 温度数据（P98）

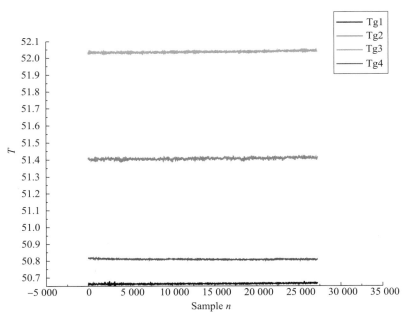

图 4 - 18　测试 45 min 温度数据（P98）

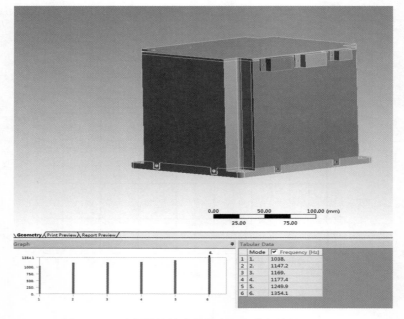

图 5-22 陀螺惯性敏感器模态频率分析结果 (P119)

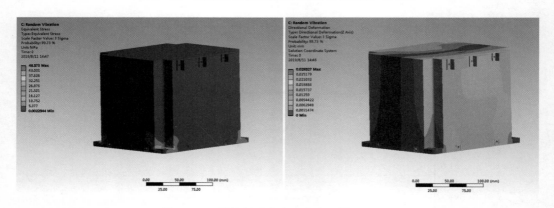

图 5-23 随机振动应力、应变云图 (P120)

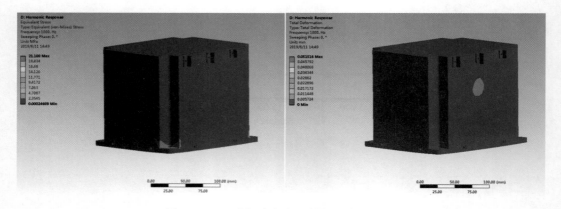

图 5-24 正弦振动应力、应变云图 (P120)

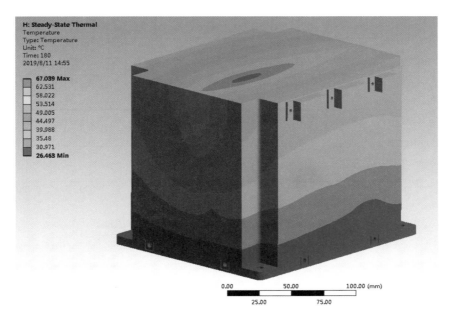

图 5-25　惯性敏感器的温度云图（P120）

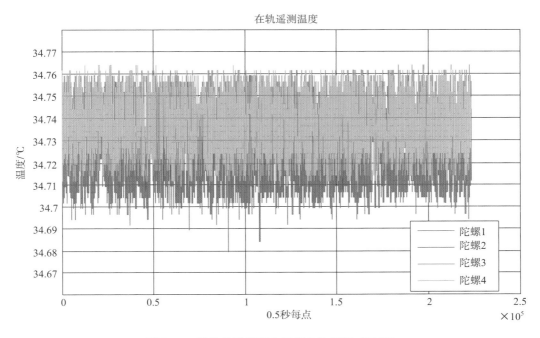

图 7-5　惯性敏感器表头温度在轨遥测（P159）

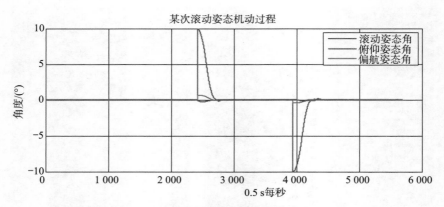

图 7 - 6   某次滚动角机动过程中姿态输出 （P160）

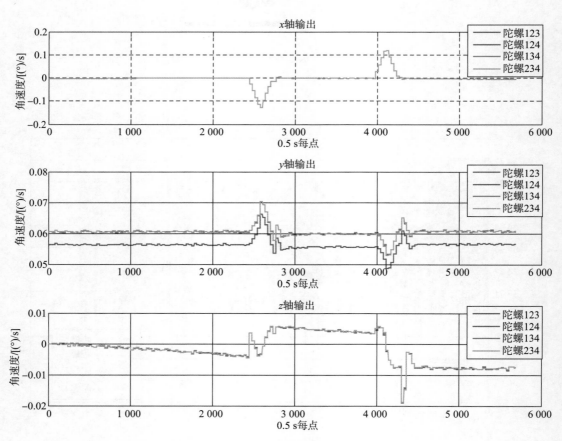

图 7 - 7   4 种组合计算的姿态角速度 （P160）